ÉLÉMENTAIRE

ARITHMÉTIQUE

DÉCIMALE,

DES OPÉRATIONS ORDINAIRES DU CALCUL;

LE SYSTÈME MÉTRIQUE

mesurer les surfaces et la solidité des Corps

EXERCICES ou PROBLÈMES A RÉSOUDRE.

F. FROMENT, instituteur.

ARRAS,

ALAND et CARLIER, rue de la Madeleine.

1850.

V

39663

COURS ÉLÉMENTAIRE

D'ARITHMÉTIQUE

DÉCIMALE,

CONTENANT LES OPÉRATIONS ORDINAIRES DU CALCUL,

LE SYSTÈME MÉTRIQUE,

Les principes pour mesurer les Surfaces et la solidité des Corps,

ET 1225 EXERCICES OU PROBLÈMES A RÉSOUDRE.

Par F. FROMENT, instituteur.

———— ◆ ————

ARRAS,

Librairie GALAND et CARLIER, rue de la Madeleine.

——

1850.

SOUS PRESSE :

Solutions des Exercices ou Problèmes du Cours élémentaire d'Arithmétique décimale, avec leurs réponses.

EXPLICATION

Des principaux signes abréviatifs dont on fera usage dans cet ouvrage.

— 3 —

+	s'énonce	plus.
—	. . .	moins.
=	. . .	égale.
×	. . .	multiplié par.
:	. . .	divisé par.
1er	. . .	premier.
1re	. . .	première.
2e	. . .	deuxième.
3e	. . .	troisième.
4e	. . .	quatrième.

1° . . .	s'énonce primo ou	premièrement.
2° . . .	secundo —	secondement.
3° . . .	tertio —	troisièmement.
4° . . .	quarto —	quatrièmement.
5° . . .	quinto —	cinquièmement.
6° . . .	sexto —	sixièmement.
7° . . .	septimo —	septièmement.
8° . . .	octavo —	huitièmement.
9° . . .	nono —	neuvièmement.
10° . . .	décimo —	dixièmement.

LISTE DES ABRÉVIATIONS.

Pour les mesures de longueur.

Myriam. *signifie* myriamètre.
Kilom. — kilomètre.
Hectom. — hectomètre.
Décam. — décamètre.
M *ou* mèt. — mètre.
Décim. — décimètre.
Centim. — centimètre.
Millim. — millimètre.

Pour les mesures de superficie.

Myriam. car. *signifie* myriamètre carré.
Kilom. car. — kilomètre carré.
Hectom. car. — hectomètre carré.
Décam. car. — décamètre carré.
M. car — mètre carré.
Décim. car. — décimètre carré.
Centim. car. — centimètre carré.
Millim. car. — millimètre carré.

Pour les mesures agraires.

Hecta. *signifie* hectare.
A — are.
Centia. — centiare.

Pour les mesures de solidité.

M. cub. *signifie* mètre cube.
Décim. cub. — décimètre cube.
Centim. cub. — centimètre cube.
Millim. cub. — millimètre cube.

Pour le bois de chauffage.

St. *signifie* stère.
Décist. — décistère.
Décast. — décastère.

Pour les mesures de capacité.

Kilol. *signifie* kilolitre.
Hectol. — hectolitre.
Décal. — décalitre.
l. ou lit. — litre.
Décil. — décilitre.
Centil. — centilitre.

Pour les mesures de poids.

Myriag. *signifie* myriagramme.
Kilog. — kilogramme.
Hectog. — hectogramme.
Décag. — décagramme.
G. ou gr. — gramme.
Décig. — décigramme.
Centig. — centigramme.
Millig. — milligramme.

Pour les mesures monétaires.

Fr. *signifie* franc.
Décl. — décime.
C. ou cent. — centime.

Chiffres ordinaires.			Chiffres romains.			
1 2	3	4	I	II	III	IV
5	6	7	V	VI	VII	
8	9	10	VIII	IX	X	
11	12	13	XI	XII	XIII	
14	15	16	XIV	XV	XVI	
17	18	19	XVII	XVIII	XIX	
20	21	29	XX	XXI	XXIX	
30	31	39	XXX	XXXI	XXXIX	
40	41	49	XL	XLI	XLIX ou IL	
50	51	59	L	LI	LIX	
60	61	69	LX	LXI	LXIX	
70	71	79	LXX	LXXI	LXXIX	
80	81	89	LXXX	LXXXI	LXXXIX	
90	91	99	XC	XCI	XCIX ou IC	
100	101	199	C	CI	CXCIX ou CIC	
200	201	299	CC	CCI	CCIC	
300	301	399	CCC	CCCI	CCCIC	
400	401	499	CD	CDI	CDIC ou ID	
500	501	599	D	DI	DIC	
600	601	699	DC	DCI	DCIC	
700	701	799	DCC	DCCI	DCCIC	
800	801	899	DCCC	DCCCI	DCCCIC	
900	901	999	CM	CMI	IM	
1000	1500	1849	M	MD	MDCCCIL	

ARITHMÉTIQUE DÉCIMALE.

PREMIÈRE PARTIE.

OPÉRATIONS FONDAMENTALES.

DÉFINITIONS PRÉLIMINAIRES.

1. L'ARITHMÉTIQUE est la science des nombres et du calcul.

2. Le NOMBRE sert à exprimer le résultat de la comparaison de deux quantités de même espèce.

3. Tout ce qui peut être augmenté ou diminué se nomme QUANTITÉ.

4. Évaluer une quantité, c'est la comparer à l'unité de son espèce.

5. L'UNITÉ est une quantité qui sert à comparer ou à évaluer d'autres quantités de même nature qu'elle.

Dans les expressions : Vingt *hommes*, quinze *mètres*, huit *francs*, l'homme, le mètre, le franc, sont des unités.

6. Le *nombre entier* est celui qui ne renferme que des unités entières, comme *cinq*, *douze*, etc.

7. Le *nombre fractionnaire* est celui qui se compose d'unités entières et de parties d'unités, comme *cinq et demi*, *sept trois quarts*, *quinze neuf dixièmes*, etc.

8. On appelle *fraction* un nombre qui ne

contient que partiellement l'unité, comme *trois quarts, quatre dixièmes*, etc.

9. Le CALCUL est l'art de *composer* et de *décomposer* les nombres, en les soumettant à diverses opérations.

Les opérations qui servent à la *composition* des nombres sont l'ADDITION et la MULTIPLICATION ; celles qui servent à les *décomposer* sont la SOUSTRACTION et la DIVISION.

Avant d'opérer sur les nombres, il faut apprendre comment ils se forment. C'est là le but de la NUMÉRATION.

NUMÉRATION.

10. La NUMÉRATION nous apprend à *former* les nombres, à les *exprimer* et à les *représenter*.

Elle se divise en *numération parlée* et en *numération écrite*.

11. La *numération parlée* nous apprend à *former* les nombres et à les *exprimer*. La *numération écrite* nous apprend à les *représenter*.

NUMÉRATION PARLÉE.

12. Pour former les nombres, on ajoute l'*unité* à elle-même, ce qui donne le nombre *deux*. Ce dernier, augmenté de l'unité, donne le nombre *trois*. On continue ainsi en ajoutant toujours l'*unité* au nombre qu'on vient de former.

13. Les premiers nombres sont *un, deux, trois, quatre, cinq, six, sept, huit, neuf.*

14. En ajoutant l'*unité* à *neuf*, on forme le nombre *dix* ou une *dizaine*; on réunit les unités dix par dix, et l'on compte par dizaines comme par unités. Ainsi l'on dit :

Une dizaine, qui s'énonce *dix*;
Deux dizaines. . . — *vingt* ;
Trois dizaines. . . — *trente*;
Quatre dizaines. . — *quarante*;
Cinq dizaines. . . — *cinquante* ;
Six dizaines . . . — *soixante*;
Sept dizaines. . . — *soixante-dix*;
Huit dizaines. . . — *quatre-vingts*;
Neuf dizaines. . . — *quatre-vingt-dix*.

15. Les nombres compris entre deux dizaines consécutives s'énoncent en ajoutant successivement à la première de ces dizaines les noms des neufs premiers nombres. Les six premiers nombres qui suivent la première dizaine font exception ; ainsi l'on dit *onze* au lieu de *dix-un*, *douze* au lieu de *dix-deux*, *treize* au lieu de *dix-trois*, *quatorze* au lieu de *dix-quatre*, *quinze* au lieu de *dix-cinq*, *seize* au lieu de *dix-six*; on revient ensuite à la règle, et l'on dit *dix-sept*, *dix-huit*, *dix-neuf*. La même exception se reproduit nécessairement de la *septième* à la *huitième* dizaine, et de la *neuvième* à la *dixième*, et l'on dit *soixante-onze*, *soixante-douze*, *quatre-vingt-onze*, *quatre-vingt-douze*, etc. Entre toutes les autres dizaines, la formation est régulière; par exemple : de vingt à trente, on dit *vingt-un*, *vingt-deux*, *vingt-trois*, etc.

Par ce moyen on peut compter jusqu'à *quatre-vingt-dix-neuf* inclusivement.

16. En ajoutant l'unité à quatre-vingt-dix-neuf, on a une collection de *dix dizaines* qu'on appelle *cent* ou *centaine*, et l'on compte par centaines comme par dizaines et par unités : ainsi l'on dit une centaine ou cent, deux centaines ou deux cents, etc.

17. Pour énoncer les nombres compris entre deux centaines consécutives, on place à la suite de la première les noms des quatre-vingt-dix-neuf premiers nombres, et l'on dit *cent un*, *cent deux*, *cent trois*, etc. ; on compte ainsi jusqu'à neuf cent quatre-vingt-dix-neuf.

18. Le nombre neuf cent quatre-vingt-dix-neuf, augmenté de un, donne dix centaines ou *mille*. On ne donne pas un nom particulier à la collection de *dix mille* ; mais on regarde *mille* comme une nouvelle unité principale, et l'on a unités de mille, dizaines de mille, centaines de mille. On compte ainsi jusqu'à neuf cent quatre-vingt-dix-neuf *mille*, neuf cent quatre-vingt-dix-neuf *unités*.

19. L'unité ajoutée au nombre ci-dessus forme mille mille ou un *million*. On compte par millions comme par mille, et l'on a unités, dizaines et centaines de *millions*. Mille millions valent un *billon* ou *millard*, etc.

Formation des nombres décimaux.

20. De tout ce qui précède il résulte que dix unités d'un ordre quelconque forment une

1·

unité de l'ordre immédiatement supérieur. Ainsi, dix unités simples forment une *dizaine*, dix dizaines forment une *centaine*, dix centaines forment un *mille*, etc.; et réciproquement, en descendant des ordres les plus élevés vers les unités simples, les unités deviennent de dix en dix fois plus petites. Ainsi les centaines sont dix fois plus petites que les mille; les dizaines, dix fois plus petites que les centaines; les unités simples, dix fois plus petites que les dizaines.

21. Il est évident qu'on peut continuer cette subdivision, et regarder l'unité simple comme formée de dix parties appelées *dixièmes*; le dixième, formé de dix parties appelées *centièmes*; le centième, formé de dix parties appelées *millièmes*, etc.

22. Toutes ces parties, qui sont de dix en dix fois plus petites que l'unité, s'appellent FRACTIONS DÉCIMALES, ou simplement DÉCIMALES.

23. Lorsqu'un nombre entier est accompagné d'une fraction décimale, il prend le nom de NOMBRE DÉCIMAL.

Exercices sur la Numération parlée.

1. Combien faut-il d'unités simples pour faire une dizaine?
2. Combien deux dizaines valent-elles d'unités simples?
3. Combien faut-il de dizaines pour faire une centaine?
4. Combien une centaine vaut-elle de dizaines?
5. Combien huit centaines valent-elles de dizaines?
6. Combien faut-il de dizaines pour faire cinq centaines?
7. Quelle est l'espèce d'unité immédiatement supérieure aux centaines?

8. Combien faut-il de centaines pour faire un mille?

9. Combien neuf mille valent-ils de centaines?

10. Combien faut-il de dizaines pour faire un mille?

11. Combien sept mille valent-ils de dizaines?

12. Quelle est l'espèce d'unité immédiatement supérieure aux mille?

13 Combien quatre millions valent-ils de mille?

14. Combien six milliards valent-ils de millions?

15. Combien deux unités valent-elles de dixièmes?

16. Combien une dizaine vaut-elle de dixièmes?

17. Combien sept dizaines valent-elles de dixièmes?

18. Combien une centaine vaut-elle de dixièmes?

19. Combien un dixième vaut-il de centièmes?

20. Combien sept dixièmes valent-ils de centièmes?

21. Combien une dizaine vaut-elle de centièmes?

22. Combien trois mille centièmes valent-ils de dizaines?

23. Combien neuf dizaines valent-elles de centièmes?

24. Combien un centième vaut-il de millièmes?

25. Combien vingt millièmes valent-ils de centièmes?

26. Combien huit centièmes valent-ils de millièmes?

27. Combien un dixième vaut-il de millièmes?

28. Combien quatre dixièmes valent-ils de millièmes?

29. Combien une dizaine vaut-elle de millièmes?

30. Combien neuf dizaines valent-elles de millièmes?

NUMÉRATION ÉCRITE.

24. Pour représenter les nombres, on emploie dix chiffres dont les neuf premiers prennent les noms des unités simples, ce sont :

1, 2, 3, 4, 5, 6, 7,
Un, deux, trois, quatre, cinq, six, sept,
8, 9, 0.
huit, neuf, zéro.

25. Les neufs premiers chiffres sont appelés *chiffres significatifs*.

27. Le zéro est appelé *chiffre d'ordre*, et n'a aucune valeur par lui-même. Il sert à conserver aux autres chiffres le rang des unités qu'ils représentent dans les nombres.

28. Pour représenter, à l'aide de ces dix chiffres seulement, tous les nombres plus grands que neuf unités, on est convenu qu'en les plaçant à la suite l'un de l'autre, le premier chiffre à droite représenterait les *unités* simples; le second, les *dizaines*; le troisième, les *centaines*; le quatrième, les *mille*; le cinquième, les *dizaines de mille*; le sixième, les *centaines de mille*; le septième, les *millions*, etc.

29. D'après ce principe, le premier chiffre placé à droite des unités simples représente les *dixièmes*; le second, les *centièmes*; le troisième, les *millièmes*, etc. On sépare par une virgule la partie entière de la partie décimale.

30. Pour énoncer aisément une quantité exprimée par un grand nombre de chiffres, on la partage, au moins par la pensée, en tranches de trois chiffres chacune, en commençant par la droite, la dernière tranche pouvant n'avoir qu'un ou deux chiffres; la première tranche à droite est celle des *unités* avec ses dizaines et ses centaines; la deuxième tranche est celle des *mille* avec ses dizaines et ses centaines; la troisième, celle des *millions*, etc. Puis on lit, en commençant par la gauche, chaque tranche séparément, en ayant soin de donner à la tranche qu'on lit le nom des unités qu'elle représente.

Ainsi, le nombre 51 345 654 s'énonce en disant : *cinquante et un* MILLIONS , *trois cent quarante-cinq* MILLE, *six cent cinquante-quatre* UNITÉS.

31. On peut énoncer les nombres décimaux de trois manières.

Soit le nombre 6,354.

1° On peut énoncer chaque ordre séparément, et dire : *6 unités, 3 dixièmes, 5 centièmes, 4 millièmes ;*

2° Après avoir énoncé la partie entière, on peut énoncer comme un nombre entier le nombre formé par les décimales, en y ajoutant le nom des décimales de la plus petite espèce, et dire : 6 UNITÉS, 354 *millièmes ;*

3° On peut énoncer tout le nombre comme s'il n'y avait pas de virgule, en y ajoutant le nom des décimales de la plus petite espèce, et dire : 6354 *millièmes.*

32. Pour écrire un nombre dicté en langage ordinaire, il faut représenter successivement chaque tranche par trois chiffres, excepté pour celle des plus hautes unités, laquelle peut ne contenir qu'un ou deux chiffres. Les ordres d'unités qui manquent se remplacent par des zéros.

Pour plus de facilité, les commençants peuvent représenter successivement chaque tranche par trois points, écrire ensuite chaque chiffre au rang qu'il doit occuper, et mettre des zéros aux places vides s'il y en a.

Soit le nombre *six* MILLIONS, *vingt-sept* MILLE , *cinq* UNITÉS.

Après l'avoir disposé de cette manière :

$$6\ 027\ 005$$

on écrira 6 au rang des *millions*, 2 au rang des *dizaines de mille*, 7 au rang des *mille* et 5 au rang des unités; et l'on mettra ensuite des zéros aux places vides.

Conséquences tirées de la Numération.

33. En examinant attentivement les diverses conventions qui servent de base à la numération, on remarque :

1º Que pour rendre un nombre ENTIER *dix* fois, *cent* fois, *mille* fois, etc. plus grand, on écrit à sa droite *un, deux* ou *trois* zéros.

2º Que pour rendre un nombre DÉCIMAL *dix, cent* ou *mille* fois plus grand, il suffit d'avancer la virgule de *un, deux* ou *trois* rangs vers la droite.

34. Des mêmes principes il suit aussi : 1º Que pour rendre un nombre ENTIER *dix* fois, *cent* fois, *mille* fois, etc. plus petit, il suffit de séparer à sa droite par une virgule *un, deux* ou *trois* chiffres.

2º Que pour rendre un nombre DÉCIMAL *dix, cent* ou *mille* fois plus petit, on recule la virgule de *un, deux* ou *trois* rangs vers la gauche.

35. Si le nombre à diminuer, soit entier, soit décimal, n'avait pas assez de chiffres, on y placerait autant de zéros qu'il serait nécessaire pour que l'opération pût s'effectuer et qu'il en restât un pour tenir la place des unités.

Nomenclature des principales unités de mesure.

36. Les principales unités de mesure sont :

1° Le MÈTRE, pour mesurer les longueurs ;

2° L'ARE, pour mesurer la surface des terrains ;

3° Le STÈRE, pour mesurer le bois de chauffage ;

4° Le LITRE, pour mesurer les liquides et les matières sèches ;

5° Le GRAMME, pour mesurer la pesanteur des corps ;

6° Le FRANC, pour déterminer la valeur des objets.

37. Pour exprimer les subdivisions de l'unité principale, on se sert des mots :

DÉCI, qui signifie *dixième* 0,1 ;
CENTI, — — *centième* 0,01 ;
MILLI, — — *millième* 0,001 ;

Ainsi, DÉCIMÈTRE signifie *dixième* du mètre ; DÉCIGRAMME, *dixième* du gramme, etc.; CENTIMÈTRE *centième* du mètre ; CENTIGRAMME, *centième* du gramme etc. ; MILLIMÈTRE, *millième* du mètre ; MILLIGRAMME, *millième* du gramme, etc.

Cependant, au lieu de dire DÉCIFRANC, CENTIFRANC, on dit *décime, centime*.

NUMÉRATION.

Exercices sur la Numération.

(Énoncer les Nombres suivants.)

	NOMBRES ENTIERS.										NOMBRES DÉCIMAUX *							
	Centaines	Dizaines	Unités	Centaines	Dizaines	Unités	Centaines	Dizaines	Unités			Dizaines	Unités	Dixièmes	Centièmes	Millièmes	Dix-millièmes	Centmillièmes	Millionièmes
	Millions.			Mille.			Unités.												
31	4	3		2	3	7	4	5	6		48	4	5,	3	2	7	9	8	6
32	3	4	5	4	2	7	2	6	3		49	5	6,	4	8	5	3	6	9
33	8	5	4	6	3	2	3	4	9		50	3	7,	8	5	2	9	7	5
34	7	8	6	8	2	6	5	3	7		51	9	6,	9	7	5	3	2	1
35	6	2	7	3	5	8	7	8	2		52	8	3,	1	2	3	5	7	9
36	9	7	5	7	8	3	8	9	3		53		8,	7	0	3	4	0	8
37	2	9	4	5	7	8	9	9	5		54	9	0,	0	0	9	0	4	7
38	4	2	9	9	9	6	6	7	4		55		5,	5	0	0	6	0	9
39	8	0	7	0	4	7	4	0	0		56		5,	0	0	0	8	6	
40	3	5	0	7	9	0	0	0	7		57	4	0,	1	0	8	0	7	
41	7	0	0	0	0	4	0	7	0		58	1	8,	0	9	0	8		
42	1	1	0	7	0	0	0	0	8		59	1	3,	0	0	0	9		
43	2	0	8	0	0	7	6	9	8		60		6,	0	7	9			
44		4	0	0	7	6	0	1	5		61		7,	0	0	6			
45			8	0	5	0	0	7	9		62	8	9,	5	0	0	8	5	
46				8	0	5	0	1	0		63	9	8,	0	9				
47					9	2	5	0	6		64		4,	0	0	7	1		

* (Faire successivement énoncer par les trois manières indiquées au n° 31.)

Autres nombres à exprimer en langage ordinaire.

NOMBRES ENTIERS CONCRETS.		NOMBRES DÉCIMAUX.	
65	391 fr.	93	5 432 fr. 75
66	5 677 fr.	94	70 439 fr. 07
67	4 700 mèt.	95	5 430 m. 34
68	96 001 mèt.	96	76 009 m. 597
69	71 095 gr.	97	375 gr. 05
70	800 703 gr.	98	98 gr. 099
71	104 006 lit.	99	73 435 lit. 8
72	5 078 095 lit.	100	90 lit. 34
73	2 000 794 st.	101	8 st. 9
74	54 070 000 st.	102	1 950 071 st 7
75	90 000 000 a.	103	5 609 a. 85
76	800 005 400 a.	104	99 007 a. 08
77	104 300 005 mèt.	105	347 , 500637
78	500 006 fr.	106	75 , 00408
79	7 804 005 lit.	107	9 , 0704
80	7 000 mèt.	108	9 376 , 13456
81	760 005 430 st.		DÉCIMALES.
82	140 503 gr	109	0 , 000504
83	7 876 543 lit.	110	0 , 080075
84	700 050 mèt.	111	0 , 005
85	94 007 st.	112	0 , 7008
86	3 400 658 fr.	113	0 , 00095
87	783 040 000 gr.	114	0 , 567890
88	1 007 000 st.	115	0 fr. 45
89	4 780 mèt.	116	0 m. 075
90	295 lit.	117	0 gr. 595
91	4 567 800 fr.	118-	0 st. 8
92	70 000 343 gr.	119	0 a. 05

Nombres à écrire en chiffres.

120. Dix *unités*, — cinquante *unités*, — quatre-vingt-six *unités*.

121. Vingt-sept *unités*, — quarante-quatre *unités*, — soixante-cinq *unités*.

122. Soixante-douze *fr*. — quatre-vingt-dix-sept *mèt*.

123. Cent neuf *lit*, — soixante-dix-neuf *gr*.

124. Sept cent quatre-vingt-dix *fr*., — huit cent six *fr*.

125. Deux mille soixante-dix-neuf *fr*, — soixante-dix mille neuf *fr*.

126. Trois cent quatre mille, huit *unités*, — quatre-vingt-treize mille *unités*.

127. Neuf millions, trente mille, trois *unités*.

128. Soiaxnte-dix millions, sept cent huit mille, cinquante *unités*.

129. Neuf cent millions, treize mille, six *unités*.

130. Cent six millions, sept mille, trois cents *unités*.

131. Sept millions, huit mille, neuf *unités*.

132. Soixante-douze millions, quatre-vingt-dix-neuf *fr*.

133. Un mille, deux cent soixante-onze *fr*.

134. Dix millions, six cent mille, quatre-vingt-treize *unités*

135. Soixante-dix-sept millions, huit cent mille, quinze *unités*.

136. Deux cent millions, quatre-vingt-dix-sept *unités*.

137. Quatre-vingt-dix millions, quinze mille, treize *unités*.

138. Sept cent millions, huit mille, neuf *unités*

139. Vingt-six *unités*, cinq *centièmes*

140. Quatre-vingt-dix-neuf *unités*, quarante-cinq *millièmes*

141. Soixante-dix-neuf *unités*, quatre-vingt-quinze *millièmes*.

142. Douze *unités*, six cent soixante-dix-huit *millionièmes*.

143. Dix-neuf *unités*, soixante-dix-sept mille trois *millionièmes*.

144. Mille six *unités*, cinq cent dix-huit *cent-millièmes*.

145. Cinq mille quatre-vingt-quatorze *fr*., cinq *centimes*.

146. Neuf millions, huit mille *fr*., soixante-quinze *cent*.

147. Quatre-vingt-dix-neuf *mèt*., quatre-vingt-quinze *millim*.

148. Neuf *gr.*, sept cent cinq *millig.*

149. Quatre-vingt-onze mille huit *fr.*, dix-neuf *cent.*

150. Cinq millions, trente mille deux *unités*, quarante-cinq *cent-millièmes.*

151. Cent un millions, quatre-vingt-dix *unités*, trente-cinq *millionnièmes.*

152. Soixante-douze millions, sept *unités*, trois mille dix-neuf *millionnièmes.*

153. Deux millions, trois cent soixante-dix *unités*, quatorze *dx-millièmes.*

154. Cinq mille dix *unités*, quinze mille *millionnièmes*

155. Dix-neuf *litres*, cinq *centil.*

156. Quatre cent douze *millionnièmes.*

157. Cinq *centimes.*

158. Huit *millimètres.*

159. Neuf *cent-millièmes.*

160. Neuf cent *millièmes·*

161. Deux cent *dix-millièmes.*

162. Deux cent dix *millièmes*

163. Sept cent millions huit *millionnièmes.*

164. Six cent huit mille trente-cinq *dix-millièmes.*

165. Six millions, quatre cent soixante *dix-millièmes.*

166. Six millions, quatre cent soixante-dix *millièmes.*

167. Trois cent quatre mille, cent *millièmes.*

168. Trois cent quatre mille *cent-millièmes.*

169. Mille quatre-vingt-dix *millièmes.*

170. Mille quatre-vingt *dix-millièmes*

171. Treize millions, dix mille *cent-millièmes.*

172. Treize millions, dix mille, cent *millièmes.*

173. Dix-neuf millions, quinze *millimètres.*

174. Quinze mille, dix-sept *centilitres.*

175. Onze millions, dix-huit *milligrammes.*

176. Quinze cent quatre-vingt-seize *centimes.*

177. Cinq millions, seize *centiares.*

178. Douze mille, sept *décistères.*

179. Cent un millions, douze *cent-millièmes.*

180. Sept cent millions, douze cent *millièmes.*

Exercices sur les conséquences tirées de la Numération.

181 Rendre le nombre 34,
1º   10
2º   100 } fois plus grand.
3º   1000
4º   10000

182 Rendre le n. 75,567894
1º   10
2º   100 } fois plus grand.
3º   1000
4º   10000

183 Rendre le nombre 4,5,
1º   10
2º   100
3º   1000
4º   10000 } fois plus grand
5º   100000
6º 1000000

184 Rendre le nombre 9 fr. 75,
1º   10
2º   100 } fois plus grand-
3º   1000
4º   10000

185 Rendre le nomb. 57 fr. 5,
1º   10
2º   100 } fois plus grand.
3º   1000
4º   10000

186 Rendre le nombre 567090
1º   10
2º   100 } fois plus petit.
3º   1000
4º   10000

187 Rendre le nombre 597,
1º   10
2º   100 } fois plus petit.
3º   1000
4º   10000

188 Rendre le nombre 5,
1º   10
2º   100
3º   1000
4º   10000 } fois plus petit.
5º   100000
6º 1000000

190 Rendre le nombre 4 fr. 85,
1º   10
2º   100 } fois plus petit.
3º   1000
4º   10000

190 Rendre le nombre 0,05,
1º   10
2º   100 } fois plus petit.
3º   1000
4º   10000

191 Rendre (1) . . 10 fois plus grand le nombre 759
192 . . . . . 100 fois plus petit 7475
193 . . . . . 1000 fois plus grand 45,7804
194 . . . . . 100 fois plus grand . . 7856,4
195 . . . . . 1000 fois plus petit . . . 86700

(1) Il faut sous-entendre ce mot à toutes les lignes.

196 Rendre . 10000 fois plus grand le nombre 749
197 . . . . . 100 fois plus petit 9,35
198 . . . . 1000000 fois plus grand 97
199 . . . . 10000 fois plus grand . . . 5678,94
200 . . . . . 1000 fois plus grand 0,45
201 . . . . . 1000 fois plus grand 5,9
202 . . . . . 1000 fois plus petit 0,05
203 . . . . 100000 fois plus petit 95
204 . . . . . 100 fois plus petit . . . . 8 fr. 5
205 . . . . . 10 fois plus petit . . . . . 0 fr. 75
206 . . . . 100c0 fois plus grand . . . . . 0 lit. 39
207 . . . . . 1000 fois plus petit . . . . 92 gr.
208 . . . . . 100 fois plus grand . . . . 1 fr. 05
209 . . . . 1000 fois plus grand . . . . 0 m. 37
210 . . . . 1000 fois plus petit . . . . 45 m.
211 . . 1000000 fois plus petit . . . 375 gr.
212 . . . 10000 fois plus grand . . . 27 fr. 5
213 . . . . . 10 fois plus petit . . . . 0 m 5
214 . . . . . 1000 fois plus grand . . . 5308 lit.
215 . . . . . 100 fois plus petit . . . . 9 m.
216 . . . . . 100 fois plus grand . . . 308 m.005
217 . . . . . 100 fois plus petit . . . 56472 m. 5
218 . . . . 10000 fois plus petit . . . . 79 m.
219 . . . . 100000 fois plus grand . . . . 0 l. 8
220 . . . . . 10 fois plus grand . . . . 0 fr. 75

Problèmes sur la Numération.

221. Le mètre de drap coûtant 45 fr. 75, combien coûtera chacun des nombres suivants : primo 100 mèt. ; secundo 10 mèt. ; tertio 1000 mèt.; quarto 1 cent m.; quinto 1 millim.; sexto 1 décim.?

222. Le litre de liqueur coûtant 3 fr. 25, combien coûtera chacun des nombres suivants : primo 100 lit. ; secundo 1 centil. ; tertio 10 lit.; quarto 1 décil ; quinto 1000 lit. ?

223. La botte de foin valant trente cent., combien vaudront primo 100 bottes ; secundo 10 bottes ; tertio cinq *dixièmes* de botte ; quarto 1000 bottes ?

224. Le cent de gerbées coûtant 15 fr. 5, combien coûtera chacun des nombres suivants : primo 1000 gerbées ; secundo une gerbée ; tertio un dixeau ; quarto un *dixième* de gerbée ?

225. Si le décimètre de drap coûte 3 fr., combien coûtera chacun des nombres suivants : primo 10 mèt. ; secundo 1 mèt. ; tertio 1 centim. ; quarto 2 mèt. ; quinto 2 millim. ; sexto 3 centim ?

226. Lorsque le litre d'encre se vend soixante centimes, combien paiera-t-on, primo pour 2 décilit. ; secundo pour 10 lit. ; tertio pour un décil. ?

227. Lorsque le décilitre coûte huit centimes, combien coûtera chacun des nombres suivants : primo 10 lit. ; secundo 1 centil. ; tertio 2 lit., quarto 2 centil. ?

228. Lorsque le centilitre coûte cinq centimes, combien coûtera chacun des nombres suivants : primo 5 centil. ; secundo 3 décil. ; tertio 2 lit. ; quarto 10 lit. ?

229. La pièce de *un franc* pesant 5 grammes, quel sera le poids de chaque somme suivante : primo 100 fr. ; secundo 3 fr. ; tertio 10 fr. ; quarto 20 fr. ; quinto 2000 fr. ?

230. Combien y a-t-il de centimes dans 205 décimes ?

231. Combien y a-t-il, primo de lit., secundo de centil., dans 5004 décilit. ?

232. Combien y a-t-il, primo de décig., secundo de gr., tertio de millig. dans 172 centig. ?

233. 5 décimèt. de marchandise coûtant 5 fr, combien coûtera chacun des nombres suivants : primo 1 mèt. ; secundo 1 centim. ; tertio 100 mèt. ; quarto 1 milim. ; quinto 10 mèt. ; sexto 3 mèt. ; septimo 2 centim. ?

234. Lorsque 2 mètres coûtent 4 fr. 5 cent., combien coûtera chacun des nombres suivants : primo 2 décim. ; secundo 10 mèt. ; tertio 5 centim. ; quarto 3 mèt. ; quinto 2 millim. ?

235. Le centil. d'eau pesant 10 gr., quel sera le poids de, primo 1 décil, secundo 5 centil., tertio 4 lit., quarto 5 décil. ?

236. Lorsque 2 dizeaux de foin coûtent 4 fr., combien coûteront chacun des nombres suivants : primo 5 bottes, secundo 100 bottes, tertio 5 dixièmes de botte, quarto 5 dizeaux, quinto 1000 bottes ?

237. Deux centil. coûtant 1 fr., combien coûtera chacun des nombres suivants : primo 10 lit., secundo 2 lit., tertio 1 millil., quarto 3 décil.?

238. Combien y a-t-il, primo de mèt., secundo de centim. tertio de millim. dans 500 décim.?

239. Lorsque 2 fagots valent 20 cent., combien paiera-t-on, primo pour 5 fagots, secundo pour 100 fagots, tertio pour 5 dixièmes de fagot, quarto pour un dizeau?

240. 20 francs étant le prix de 2 mèt. de drap, combien paiera-t-on, primo pour 3 décimèt., secundo pour 10 mèt. tertio pour 2 centimèt., quarto pour 3 mèt.?

241. Combien y a-t-il, primo de lit., secundo de centil, dans 97 décil.?

TABLE D'ADDITION.

1 et 1 font 2	4 et 1 font 5	7 et 1 font 8
1 et 2 font 3	4 et 2 font 6	7 et 2 font 9
1 et 3 font 4	4 et 3 font 7	7 et 3 font 10
1 et 4 font 5	4 et 4 font 8	7 et 4 font 11
1 et 5 font 6	4 et 5 font 9	7 et 5 font 12
1 et 6 font 7	4 et 6 font 10	7 et 6 font 13
1 et 7 font 8	4 et 7 font 11	7 et 7 font 14
1 et 8 font 9	4 et 8 font 12	7 et 8 font 15
1 et 9 fout 10	4 et 9 font 13	7 et 9 font 16
2 et 1 font 3	5 et 1 font 6	8 et 1 font 9
2 et 2 font 4	5 et 2 font 7	8 et 2 font 10
2 et 3 font 5	5 et 3 font 8	8 et 3 font 11
2 et 4 font 6	5 et 4 font 9	8 et 4 font 12
2 et 5 font 7	5 et 5 font 10	8 et 5 font 13
2 et 6 font 8	5 et 6 font 11	8 et 6 font 14
2 et 7 font 9	5 et 7 font 12	8 et 7 font 15
2 et 8 font 10	5 et 8 font 13	8 et 8 font 16
2 et 9 font 11	5 et 9 font 14	8 et 9 font 17
3 et 1 font 4	6 et 1 font 7	9 et 1 font 10
3 et 2 font 5	6 et 2 font 8	9 et 2 font 11
3 et 3 font 6	6 et 3 font 9	9 et 3 font 12
3 et 4 font 7	6 et 4 font 10	9 et 4 font 13
3 et 5 font 8	6 et 5 font 11	9 et 5 font 14
3 et 6 font 9	6 et 6 font 12	9 et 6 font 15
3 et 7 font 10	6 et 7 font 13	9 et 7 font 16
3 et 8 font 11	6 et 8 font 14	9 et 8 font 17
3 et 9 font 12	6 et 9 font 15	9 et 9 font 18

ADDITION.

ADDITION DES NOMBRES ENTIERS ET DÉCIMAUX.

38. L'ADDITION est une opération par laquelle on réunit plusieurs nombres de même espèce en un seul, qu'on appelle SOMME ou TOTAL.

Soit à additionner les nombres suivants : 1º 3456 ; 2º 11649 ; 3º 6775.

Pour faire cette addition, je place les trois nombres les uns sous les autres, de manière que les unités soient sous les unités, les dizaines sous les dizaines, les centaines sous les centaines, etc. ; je souligne le tout.

```
  3456
 11649
  6775
 ─────
 21880
```

L'opération étant ainsi disposée, je commence par la colonne des unités, en disant : 6 et 9 font 15, et 5 font 20 ; j'écris 0 au bas de la colonne des unités, et je retiens deux dizaines pour les ajouter à la colonne suivante.

2ᵉ *Colonne.* 2 de retenue et 5 font 7, et 4 font 11, et 7 font 18 ; j'écris 8 et je retiens 1 pour l'ajouter à la colonne suivante.

3ᵉ *Colonne.* 1 de retenue et 4 font 5, et 6 font 11, et 7 font 18 ; j'écris 8 et je retiens 1.

4ᵉ *Colonne.* 1 de retenue et 3 font 4, et un font 5, et 6 font 11 ; j'écris 1 et je retiens 1.

5ᵉ *Colonne.* 1 de retenue et 1 font 2 ; j'écris 2.

PREUVE.

39. La preuve d'une opération arithmétique est une autre opération que l'on fait pour s'assurer de l'exactitude de la première.

40. La plus simple manière de faire la

1"

preuve de l'addition consiste à recommencer
l'opération de bas en haut, si elle a été effec-
tuée de haut en bas ; dans le cas où les ré-
sultats obtenus sont identiquement les mêmes, on est certain que l'opération avait été
primitivement bien faite.

41. Pour faire l'addition des nombres *décimaux*, on place les nombres les uns sous
les autres, de manière que les unités soient
sous les unités, les dixièmes sous les dixièmes, les centièmes sous les centièmes, etc. ;
on ajoute ensuite les nombres comme s'ils
étaient entiers, et à la droite du résultat on
sépare autant de décimales qu'il y en a dans
le nombre qui en contient le plus.

Soit à additionner les nombres suivants :
1º 5,65 ; 2º 642,295 ; 3º 58,7.

```
  5,65
642,295
 58,7
────────
686,645
```

Après avoir écrit convenablement ces
nombres les uns sous les autres, je fais l'addition comme si les nombres étaient entiers,
et j'ai pour total 686645 ; à droite de ce
résultat, je sépare par une virgule trois
chiffres, puisqu'il y a trois décimales dans
le nombre qui en contient le plus.

Exercices

(Faire les additions suivantes.)

242　435 + 234 + 112 + 614 + 411 + 223
　　　+ 415 + 216.

243　523 + 211 + 317 + 712 + 175 + 314
　　　+ 217 + 110.

244   296 + 311 + 607 + 520 + 43 + 51
       + 316.
245   477 + 5612 + 45 + 317 + 70 + 8413
       + 14 + 116.
246   56435 + 472 + 16 + 3805 + 291 +
       13218 + 14 + 372 + 8.
247   50390 + 270 + 80 + 6310 + 20 +
       807040 + 130 + 90.
248   807 + 70 + 5305 + 73400 + 2702
       8309 + 701.
249   86 + 840213 + 777 + 8990785 + 17
       + 70294 + 378 + 50311 + 58 +
       420308 + 780 + 9390850 + 987 + 78.
250   7 + 4093 + 17 + 86973008 + 56079
       + 71 + 8096 + 708498017.

———

251   375,25 + 6498,428 + 6849,38 + 85,3
       + 68978,715.
252   8,718 + 579,8719 + 78,87 + 97076,384
       + 84,23576.
253   5636,3 + 18,584192 + 7816,476 + 95,7
       + 5,43819 + 4,36.
254   418,376 + 594812,37819 + 96,050897 +
       6807049,75 + 5008,4736 + 96,798.
255   98,5 + 788,4987 + 58179 + 88,99 +
       44,7777 + 78498.
256   86319,436 + 0,86 + 0,58419 + 7,5 +
       48418,8974 + 0,75.
257   9600763 + 5817,318 + 0,8761 + 75,08
       4,786 + 457 + 8,15 + 0,8717 +
       98777,5 + 36 + 7,96.

———

258   486 mèt. 75 + 9796 m. 815 + 817 m. 9 +
       59816 m. 755 + 76791 m. 85 + 8 m. 015.

259   7 g. 796 + 87 g. 89 + 94 g. 75 + 0 g.
       796 + 37 g. 95 + 83 g. 7 + 9 g. 5 +
       0 g. 955.

260   59493 fr. 05 + 84787 fr. + 876946393 fr.
       + 99 fr. 95 + 0 fr. 75 + 0 fr. 8 +
       7 fr. 18.

261   73 lit. 8 + 0 l. 78 + 0 l. 99 + 84 l. 7 +
       7 l. + 819 l. + 13 l. 87 + 0 l. 9 +
       0 l. 45.

262   0 mèt. 5 + 0 m. 785 + 598 m. 07 + 96
       m. + 719 m. + 8 m. 95 + 0 m. 009 +
       0 m. 93.

Problèmes sur l'Addition.

263. Une personne qui était née en 1742, est morte à l'âge de 89 ans : quelle est l'année de sa mort ?

264. Un régiment est composé de 3 bataillons dont le 1er compte en effectif 940 hommes, le 2e 947, et le 3e 912 : combien y a-t-il d'hommes dans ce régiment ?

265. Une pépinière contient 427 poiriers, 247 pommiers, 95 cerisiers, 9875 abricotiers : combien d'arbres en totalité ?

266. Combien y a-t-il d'élèves dans une maison d'éducation divisée en 5 classes de la manière qui suit : la 1re contient 57 élèves ; la 2e 65 ; la 3e 72 ; la 4e 88 ; et la 5e 129 ?

267. J'ai dépensé 356 fr., j'en ai perdu 65, et il m'en reste encore 5463 : combien en avais-je en tout ?

268. On a dépensé pendant cette semaine : le 1er jour 48 fr. 75 , le 2e 36 fr. 40, le 3e 4 fr. 55, le 4e 0 fr. 95 , le 5e 15 fr. 5, le 6e 7 fr. 05, le 7e 287 fr. : combien a-t-on dépensé en tout ?

269. Une servante vient du marché, où elle a acheté pour 95 c de pommes, pour 3 fr. 75 c de fromage, pour 56 fr. de beurre, pour 2 fr. 5 c. de légumes : combien a-t-elle dépensé en tout ?

270. Je naquis en 816 ; en quelle année aurai-je 75 ans ?

271. Une pièce de drap a coûté 450 fr., combien faut-il la revendre pour gagner 45 fr. 75?

272. Pour payer une marchandise, j'ai donné une pièce de 40 fr., une de 20 fr., une de 5 fr., une de cinquante centimes, une de vingt-cinq centimes et une de cinq centimes : combien coûte cette marchandise?

273. J'ai acheté trois pièces de toile : la première contient 983 m. 785; la 2e 78 m. 45; et la 3e autant que les deux premières. Ces trois pièces étant réunies, combien y a-t-il de mètres?

274. On a acheté trois pièces de vin contenant, la 1re 45 lit. 9, la 2e 169 lit. 55, la 3e autant que la 1re : combien ces 3 pièces contiennent-elles ensemble?

375. 4 pièces d'étoffe contiennent, la 1re 145 m. 25, la 2e 78 m., la 3e autant que les deux premières, la 4e autant que la 3e : combien contiennent-elles ensemble?

276. Cinq paquets de poivre pèsent, le 1er 45 gr., le 2e 75 gr. 5, le 3e autant que les deux 1ers, le 4e 95 centig., le 5e autant que les 4 premiers : quel est le poids des 5 paquets?

277. Un homme portant des œufs au marché en cassa 36; il en vendit 2 douzaines en chemin, en donna 17 aux pauvres, et, en arrivant au marché, il en avait encore 568 : combien en avait-il en partant de chez lui?

278. On a acheté 19 mèt. de drap pour 158 fr.; puis 785 m. 5 centim. de toile pour 2526 fr. 35 cent.; puis enfin 46 m 5 d'indienne pour 50 fr. 8 : combien a-t-on acheté de mètres de marchandise, et combien doit-on payer en tout?

279. Un menuisier a fait 34 m. 75 d'ouvrage en 15 jours, 73 m. 275 en 26 jours, 67 m. 7 en 19 jours, 95 millim. en un jour : combien a-t-il fait de mètres d'ouvrage, et combien a-t-il travaillé de jours?

280. Un marchand de vin en a acheté 4 pièces : la 1re contient 137 lit., et coûte 119 fr 30; la 2e contient 153 lit. 15, et coûte 135 fr. 75; la 3e contient 48 lit., et coûte 39 fr.; la 4e contient autant que les deux premières, et coûte autant

que les trois : combien a-t-il acheté de litres de vin, et combien doit-il payer?

281. On a acheté 35 st. de bois pour 432 fr. 50, 15 m. de drap pour 325 fr. 025, et 36 dizeaux de fagots pour 95 fr. 6 : combien a-t-on dépensé?

282. J'ai acheté 4 kilog. de sucre pour 8 fr. 50, 4 st. de bois pour 60 fr. 35, plus 5 kilog. 538 de sucre pour 12 fr., et 6 st. 75 de bois pour 90 fr. 75 : combien ai-je dépensé, et combien ai-je acheté de chaque sorte de marchandise?

283. Un marchand de vin en a acheté 4 pièces contenant chacune 148 l. 75 à 74 fr. 95 la pièce : combien a-t-il reçu de litres en tout, et combien doit-il payer?

284. On a acheté 3 pièces de drap contenant chacune 498 m. 75; la 1re coûte 95 fr., la 2e autant que la 1re, et la 3e autant que les deux autres : combien a-t-on acheté de mèt., et combien doit-on payer?

285. Combien doit-on payer pour 4 pièces de toile contenant chacune 87 mèt.; la 1re coûtant 135 fr. 5 cent., la 2e 75 fr. 9, la 3e autant que les deux 1res, et la 4e autant que la 3e?

286. Un particulier ayant un voyage de 5 jours à faire, dépensa le 1er jour 95 cent., le 2e jour 2 fr. 5 cent., le 3e autant que les deux 1ers, le 4e 12 fr., et le 5e autant que les 3 premiers : combien a-t-il dépensé en tout?

287. Quel est le total de 4 sommes dont la première est de 8009 fr., la 2e 50 fr. de plus que la 1re, la 3e 19 fr. 8 c. de plus que la seconde, et la 4e est égale aux trois autres?

288. Combien doit-on payer pour 3 pièces de drap dont la 1re coûte cent huit fr., la 2e 27 fr. 9 cent. de plus que la 1re, et la 3e autant que les 2 autres?

289. Une dame charitable laissa par testament la moitié de son bien aux pauvres; ses deux neveux se partagèrent le reste de la succession, et eurent chacun cinq mille trente fr. 5 c., à combien se montait toute sa succession?

290. Quelle est la longueur de 3 pièces de toile, sachant que la 1re contient 27 m. 9 centim., la 2e 58 décim. de plus que la 1re, et la 3e 518 centim. de plus que la 2e?

291. Un employé dépense dans l'année 575 fr. 25 pour sa

nourriture, 467 fr. 5 pour son entretien; son logement lui revient à 462 fr. 75; il lui reste, toutes ces dépenses payées, 994 fr. 5, dont 474 fr. 50 servent à ses menues dépenses. A combien se monte son traitement, que dépense-t-il par an?

292. On a payé à compte sur une dette d'abord 585 fr., une autre fois 360 fr. 80, ensuite 247 fr. 7; on redoit encore 475 fr. 45 : à combien s'élevait cette dette, et combien a-t-on donné en tout?

293. Il y a de Paris à Troyes 158 kilom.; de Troyes à Dijon il y en a 148; enfin, de Dijon à Besançon on en compte 193 : quelles sont les distances, 1º de Paris à Dijon, 2º de Paris à Besançon, 3º de Troyes à Besançon?

294. Un père a 26 ans de plus que son fils, celui-ci en a 17 de plus que sa sœur, qui elle-même est âgée de 19 ans; déterminez les âges du père et du fils.

295. Il s'est écoulé depuis le déluge à la vocation d'Abraham 422 ans; de la vocation à l'entrée des Hébreux dans la terre promise 474 ans; enfin, depuis cette époque jusqu'à l'établissement des rois, qui eut lieu en 1080 avant J.-C., il s'est écoulé 572 ans. En quelles années eurent lieu, 1º l'entrée des Hébreux dans la terre promise; 2º la vocation d'Abraham, 3º le déluge?

296. Clovis, véritable fondateur de la monarchie française, naquit en 465, monta sur le trône à l'âge de 16 ans et mourut 30 ans après : faire connaître l'époque, 1º de son avènement au trône, 2º de sa mort.

297. On a 3 caisses pesant l'une 13 kilog. de plus que la 2e, qui pèse 8 kilog. de plus que la 3e, dont le poids est de 17 kilog. : quel est le poids de ces trois caisses et celui de chacune?

298. Un brocanteur fait dans une même journée quatre marchés différents : il donne pour le 1er 27 fr. 75, pour le 2e 58 fr. 25, pour le 3e 119 fr., pour le 4e 76 fr. 8 : combien a-t-il dépensé, et combien doit-il vendre le tout pour gagner 85 fr. 75?

299. On a donné en paiement d'une montre, 1º 2 pièces d'or, dont une de 40 fr. et l'autre de 20 fr., 2º 11 pièces d'ar-

gent, dont une de 5 fr., une de 2 fr., 4 de 1 fr., 2 de 50 cent.
et 3 de 25 cent : combien a coûté cette montre ?

300. Un particulier achète 4 propriétés : la 1re lui coûte
49 fr. de plus que la 2e, qui coûte 5319 fr 5 ; la 4e coûte
97 fr. 75 de plus que la 3e, qui coûte autant que les deux premières : combien doit-il payer en tout, et combien pour chaque
propriété ?

SOUSTRACTION.

SOUSTRACTION DES NOMBRES ENTIERS ET DÉCIMAUX.

42. La SOUSTRACTION est une opération par
laquelle on retranche un nombre d'un autre
nombre, pour connaître de combien le plus
grand surpasse le plus petit.

43. Le résultat de la soustraction se nomme RESTE, EXCÈS ou DIFFÉRENCE.

Soit à retrancher 3437 de 5247.

Pour faire cette soustraction, je place le
plus petit nombre sous le plus grand, comme
pour les additionner ; c'est-à-dire, de manière que les unités soient sous les unités,
les dizaines sous les dizaines, les centaines
sous les centaines, et je souligne le tout.

      5247
      3437
     ——
Différence   1810

L'opération étant ainsi disposée, je
commence par la colonne des unités, en
disant : 7 *ôtés* de 7, ou pour plus de
simplicité, 7 de 7, il reste 0, que je
pose sous la colonne des unités ; pas-
sant aux dizaines, j'ôte 3 de 4, il reste 1, que je pose sous
la colonne des dizaines ; puis arrivant aux centaines, je dis :
4 de 2, cela ne se peut, j'ajoute 10 au chiffre 2, et je dis : 4

de 12, il reste 8 ; je retiens 1, que j'ajoute au chiffre 3 du nombre inférieur de la colonne suivante ; j'ôte alors 4 de 5, il reste 1, que j'écris sous la colonne des mille. Ainsi la différence entre ces deux nombres est 1810.

44. La PREUVE de la soustraction se fait ordinairement en additionnant le plus petit nombre avec le reste ; si l'opération a été bien faite, il est évident qu'on doit retrouver le plus grand nombre.

Soit à retrancher 34765 de 50009,

        50009   Pour effectuer cette soustraction, je
        34765   dis : 5 de 9, il reste 4, je pose 4 ; 6 de
                  10, il reste 4, que je pose également ;
Reste 15244   augmentant ensuite le nombre 7 d'une
               unité, je continue en disant : 8 de 10, il
PREUVE 50009   reste 2. De même, ôtant 5 de 10, il
               reste 5 ; et enfin 4 de 5, il reste 1.
Le reste est donc 15244.

Pour faire la PREUVE, j'ajoute ce dernier nombre avec 34765, qui est le plus petit des deux nombres donnés, et j'obtiens 50009, nombre égal au plus grand.

45. Pour faire la soustraction des nombres *décimaux*, on les réduit à la même espèce en ajoutant à celui qui contient le moins de chiffres décimaux autant de zéros qu'il en faut pour que ce nombre contienne autant de décimales que l'autre ; on place ensuite le plus petit nombre sous le plus grand, de manière que les unités de même ordre se correspondent. On fait ensuite la soustraction comme celle des nombres entiers ; puis on sépare sur la droite du reste autant de décimales qu'il y en a dans l'un des deux nombres.

Soit à retrancher 2 8mèt. 625 de 45 mèt. 5.

45,500	Après avoir mis deux 0 à la droite
28,625	de 45,5, j'opère comme si ces nombres
	étaient entiers ; puis à la droite du reste
Reste 16,875	16875, je sépare 3 décimales, et je
	trouve pour résultat 16 mèt. 875.

Exercices sur la Soustraction.

301.	De . .	87968	ôtez	45322
302.	. . .	973	—	742
303.	. . .	48796897	—	25436255
304.	. . .	796879698	—	636235393
305.	. . .	528374296	—	265932842
306.	. . .	38275477	—	597894
307.	. . .	5803706	—	271382
308.	. . .	76037508	—	36893765
309.	. . .	8007040	—	2345678
310.	. . .	600309000	—	456789002

311.	De .	874,35	ôtez	95,29
212.	. . .	109,191	—	49,073
313.	. . .	5409,055	—	4896,997
314.	. . .	40047,1019	—	5998,708
315.	. . .	400048,2136	—	9772,016
316.	. . .	707907,07	—	386938,1204
317.	. . .	6100110,050	—	931971,9999
318.	. . .	59700004,2365	—	9896008,345678

319.	De . .	0,056	ôtez	0,0086
320.	. . .	0,9019	—	0,738296
321.	. . .	0,05354	—	0,0087
322.	. . .	9,0985	—	0,078943
323.	. . .	830	—	0,0098
324.	. . .	58493 fr. 5	—	9837 fr. 35
325.	. . .	700812 fr.	—	9896 fr 75
326.	. . .	39 mèt.	—	19 mèt. 9
327.	. . .	748 mèt.	—	0 m. 375
328.	. . .	36 gr. 325	—	17 gr.

Problèmes sur la Soustraction.

329. Trouver la différence de 7,041 à 6,942.

330. La différence de deux nombres est 752, le plus grand est 1200 : quel est le plus petit ?

331. Un père et son fils ont ensemble 150 ans, le père en a 95 ; quel est l'âge du fils ?

332. Quel est le nombre qui deviendrait 17005 si on l'augmentait de 856,025 ?

333. Un menuisier avait 345 mèt. d'ouvrage à faire, il en a fait 96 m. 35, combien lui en reste-t-il à faire ?

334. Un fermier devait 1907 fr. à son propriétaire, il lui donne 98 hectol. de blé pour la somme de 978 fr. 75 ; combien lui doit-il encore ?

335. J'ai acheté 45 kilog. de marchandises pour 5560 fr., on m'en livre seulement 19 kilog. 53, pour 890 fr. 55 ; combien dois-je encore en recevoir de kilog., et pour quelle somme ?

336. Un ouvrier qui gagne 1 fr. par jour devait recevoir 50 fr. ; mais comme il s'est absenté 17 jours et demi (1), combien doit-il recevoir ?

337. La ville d'Avignon fut la résidence des papes de 1309 à 1577 ; combien de temps a-t-elle joui de ce privilége ?

338. Rome fut bâtie par Romulus en 754 avant Jésus-Christ ; la république romaine fut établie en 509 ; et 30 ans avant la naissance du Christ, Auguste prit le titre d'empereur ; combien d'années les Romains eurent-ils leurs rois, et combien de temps dura la république ?

339. Un ouvrier a reçu 27 fr. 75, à compte sur son travail de 15 jours, pendant lesquels il a gagné 85 fr. ; combien doit-il recevoir encore ?

340. Louis XIV naquit en 1638, monta sur le trône en 1643 et mourut en 1715 ; quel âge avait-il lorsqu'il monta sur le trône, combien de temps régna-t-il, et à quel âge mourut-il ?

341. Pepin le Bref, 35e roi de France et fondateur de la 2e race, s'empara de la couronne en 752. Hugues Capet, 48e roi

_____

(1) Une demie peut toujours se remplacer par la fraction décimale 0,5 ou 0,50.

de France et fondateur de la 3e race, monta sur le trône en 987 ;
combien la 2e race a-t-elle eu de rois, et combien de temps régnèrent-ils ?

342. Un père avait 57 ans et demi lorsque son fils naquit :
quel sera l'âge du fils lorsque le père aura 95 ans ?

343. Que faut-il ajouter à 8,03 pour avoir 15 ?

344. Quel nombre faut-il ajouter à 7 millièmes pour avoir 15
centièmes ?

345. La 1re guerre punique dura de 264 avant Jésus-Christ
à 241 ; la 2e, de 219 à 202 ; la 3e, de 149 à 146, époque
de la destruction de Carthage, ville fondée par Didon en 860 :
faire connaître la durée de chacune de ces guerres, le temps
écoulé entre chacune d'elle, le nombre d'années qui s'écoulèrent
entre la fondation et la ruine de Carthage.

346. Un tonneau de 147 lit. de vin en a perdu 49 lit. 75 :
combien en reste-t-il ?

347. Un marchand achète 75 mèt. et demi de toile pour
150 fr. ; on lui en livre 45 mèt. 75 pour 91 fr. 50 : combien
doit-il encore en recevoir de mèt., et pour quelle somme ?

348. Ce fut en 1282, sous le règne de Philippe le Hardi,
45e roi de France, qu'eut lieu le massacre des Vêpres siciliennes ; ce fut en 1572 qu'eut lieu, sous le règne de Charles IX,
61e roi de France, le massacre de la Saint-Barthélemy : quel
temps s'est-il écoulé entre ces deux attentats, et combien y
eut-il de rois de France pendant cette époque ?

349. Philippe le Bel, XIe roi de la 3e race, naquit à Fontainebleau en 1268 et y mourut en 1314 ; il avait été proclamé
roi à Perpignan en 1285 ; dire combien d'années il régna, à
quel âge il monta sur le trône et à quel âge il mourut.

350. Napoléon, né à Ajaccio en 1769, premier consul en
1799, proclamé empereur par le Sénat en 1804, abdiqua en
1814 et mourut en 1821 dans l'île de Sainte-Hélène ; son corps
fut ramené en France et déposé à l'hôtel des Invalides en
1840 : on demande à quel âge les titres de 1er consul et d'empereur lui furent décernés ; combien de temps il régna sous l'un
et l'autre titre ; à quel âge il abdiqua ; combien d'années il vécut ;
enfin, quel laps de temps s'est écoulé entre l'époque de sa mort
et la translation de ses restes mortels en France.

351. En 1492 Christophe Colomb découvrit l'Amérique ; en 1497 Vasco de Gama découvrit la route de Indes par le cap de Bonne-Espérance : quel temps s'est-il écoulé entre ces deux découvertes ? De combien d'années datent-elles l'une et l'autre (1849) ?

Problèmes

Sur l'addition et la soustraction combinées.

352. On a versé à la caisse d'épargne, à diverses reprises, 158 f., 59 f. 50, 177 f., 8 f. 75 ; on en a retiré successivement 119 f. 75, 19 f. 23, 201 f. 50 : combien y a-t-on versé ; combien a-t-on retiré ; et qu'y reste-t-il ?

353. Une ménagère a reçu 25 fr. ; elle a dépensé 3 f. 55 pour légumes, 2 f. 75 pour beurre et œufs, 4 f. 25 pour fruits, 7 f. 75 pour volailles, et 5 f. pour viande : combien a-t-elle dépensé, et que lui reste-t-il ?

354. Un marchand de vin a fait divers achats ; le 1er, de 2850 lit., a coûté 1595 fr. 75 ; le 2e, de 6545 l., a coûté 4552 f. ; il a payé pour un 3e, de 3540 l., 2780 f 25 ; il a revendu le tout pour 9357 f. ; combien a-t-il acheté de litres en tout ; combien a-t-il déboursé d'argent ; quel a été son bénéfice ?

355. Un magasin contenait 1870 hectol. de grain : on en a distribué à 3 fois 75 hectol., 197 hectol. 21, 19 hectol. 75 : combien doit-il en rester ?

356. Un marchand de bois doit en livrer en quatre différentes fois 853 stères pour la somme de 7092 f. ; la 1re fourniture a été de 250 st. pour la somme de 2078 f. 50 ; la 2e, de 318 st. 7 pour 3895 f. 5 c. ; la 3e, de 19 st. 35 pour 195 f. : on demande combien il doit encore en livrer, et pour quelle somme.

357. Un vigneron a 3 vignes dans lesquelles il a récolté 4500 hectolitres de vin ; la 1re en a produit 145 hectol. 5, la 2e, 38 hectol. 85 : quel est le produit de la 3e ?

358. Henri IV, né en 1553, succéda à Henri III à l'âge de 36 ans, fit son entrée à Paris seulement 5 ans après, et mourut assassiné par Ravaillac en 1610, dire les époques de son avé-

nement au trône et de son entrée à Paris, combien de temps il
régna et à quel âge il mourut.

359. Une pièce de cidre contient 475 lit. ; on en a soutiré à
3 différentes fois, 1° 57 lit., 2° 95 lit. 9, 3° 117 lit. 75 ;
combien en reste-t-il encore dans cette pièce ?

360. Un père avait 35 ans à la naissance de son fils ; celui-ci
avait 22 ans à la mort de son père, qui arriva 7 ans après celle
de sa mère ; celle-ci mourut à l'âge de 43 ans : dire combien
d'années le père a vécu, quelle était la différence de son âge
avec celui de sa femme, quel était l'âge du fils à l'époque de la
mort de sa mère, à quel âge celle-ci l'avait mis au monde.

361. Un voyageur qui avait 500 kilom. de chemin à faire, a
déjà marché 4 jours ; le 1er jour, il a fait 17 kilom. ; le 2e, 32
kilom. ; le 3e, 25 kilom. 56 ; le 4e, 28 kilom. 175 ; combien
lui reste-t-il encore de kilom. à faire ?

362. Un fermier devait payer à son propriétaire la somme
de 56 mille fr ; il lui a livré 136 hectol. de blé pour la somme
de 2518 fr. 15, et 37 hectol. d'avoine pour 215 fr. 5, quelle
somme doit-il encore, et combien a-t-il livré d'hectol. de grain ?

363. Une dame a 1810 fr. à dépenser par an pour sa toi-
lette et ses plaisirs ; elle a payé à la marchande de modes 247 fr.
75, à la blanchisseuse 132 fr. 35, à la tailleuse 78 fr. 5, à
son cordonnier 75 fr., à son bijoutier 387 fr. 85, à son marchand d'étoffes 480 fr. ; combien a-t-elle dépensé, et quelle
somme lui reste-t-il ?

364. On a acheté 4 pièces de drap ; la 1re contient 58
m. 95 et coûte 1658 fr. 5 ; la 2e contient 75 décim. et coûte
148 fr. 75 ; la 3e contient autant que les deux 1res et coûte
mille fr. de plus que la 2e ; la 4e contient autant que les 3 autres et coûte douze cents fr. de plus que la 3e, combien ces 4
pièces contiennent-elles de mètres, et que reste-t-il d'une
somme de quinze mille fr. après en avoir déduit le coût de ces
différents achats ?

365. Un brocanteur achète des bijoux pour quinze cents fr.
et les revend en 3 lots ; il cède le 1er pour 685 fr., le 2e pour
557 fr., le 3e pour 678 fr. 75, dire son bénéfice.

366. On a acheté 3 pièces de vin ; la 1re contient 58 lit. 8
et coûte 125 fr. ; la 2e contient 139 lit. et coûte 58 fr. 9 c. de

plus que la 1re ; la 3e contient autant que les deux autres et coûte 5 fr. 75 de moins que la 2e : combien doit-on payer, et combien restera-t-il de litres après en avoir soutiré 178 lit. 75 ?

567. Un négociant a 4 effets à payer : l'un de 575 fr. 65, un autre de 582 f. 35, un 3e de 157 f 25, un 4e de 545 f.; il ne peut disposer, le jour de l'échéance, que de 1250 f.: quelle somme a-t-il à payer, et que doit-il emprunter pour tenir ses engagements ?

368. Combien doit-on payer pour 3 caisses de marchandises pesant 1578 kilog., sachant que la 1re coûte 158 fr. 50, la 2e 148 fr. 9, et la 3e 98 fr. de moins que les deux 1res ?

569. On a soutiré 3 tonneaux contenant chacun 135 lit. 25 pour emplir une pièce de 500 lit. : combien en manque-t-il pour que la pièce soit p'eine ?

370. Un individu a pour payer ses dettes une somme de quarante mille fr. ; il porte à un 1er créancier 11267 fr., à un second 1783 fr. 75, enfin à un 3e 1927 fr.: combien devait-il, et combien lui reste-t-il ?

371. Philippe de Valois, né en 1293, succéda à Charles IV en 1328, et mourut à Nogent-le-Roi en 1350, 4 ans après la fameuse bataille de Crécy, qu'il perdit contre Edouard d'Angleterre : dire à quel âge il monta sur le trône, combien d'années il régna, à quel âge il mourut, en quelle année eut lieu la bataille de Crécy.

372. Un boulanger possédait au 1er janvier 1525 hectol. de farine ;

En janvier, il en a acheté	—	17525 hectol. et consommé		12347
En février	—	13878	—	10454
En mars	—	9540	—	13150
En avril	—	15390	—	12007
En mai	—	17003	—	7345
En juin	—	12315	—	11453
En juillet	—	17347	—	15459
En août	—	7542	—	12357
En septembre	—	15543	—	14568
En octobre	—	9456	—	13789
En novembre	—	18350	—	12578
En décembre	—	17902	—	15379

on demande combien il a acheté d'hectolitres de farine, combien il en a consommé, et ce qu'il avait en magasin à la fin de chaque mois.

MULTIPLICATION.

MULTIPLICATION DES NOMBRES ENTIERS.

46. La MULTIPLICATION est une opération par laquelle on répète un nombre appelé *multiplicande* autant de fois qu'il y a d'unités dans un autre nombre appelé *multiplicateur* (1).

Le résultat de cette opération se nomme PRODUIT.

Le *multiplicateur* et le *multiplicande* pris ensemble se nomment *facteurs du produit* ou de *la multiplication*.

47. Le produit exprime des unités de même nature que le *multiplicande;* car le produit est la somme qu'on trouverait si on faisait l'addition du *multiplicande* écrit autant de fois qu'il y a d'unités dans le multiplicateur.

PROBLÈME. L'hectare de terre labourable coûtant 2089 fr., combien paiera-t-on pour 8 hectares?

SOLUTION. Puisque l'hectare coûte 2089 fr.; 8 hecta. coûteront 8 fois 2089 fr. ; je dois donc chercher un produit qui contienne 8 fois les unités, 8 fois les dizaines, 8 fois les centaines et 8 fois les mille du nombre 2089 fr.

Pour faire cette opération, j'écris le multiplicande 2089 fr., et au-dessous le multiplicateur 8, puis je souligne le tout.

Multiplicande   2089 fr.
Multiplicateur   8
_____
Produit   16712 fr.

(1) Cette définition ne s'applique qu'aux nombres entiers.

Je commence à multiplier les unités du *multiplicande* par le chiffre du multiplicateur, en disant : 8 fois 9 font 72 , j'écris 2 et je retiens 7 dizaines pour les ajouter au produit suivant ; 8 fois 8 font 64 et 7 de retenue font 71 , je pose 1 et je retiens 7 centaines ; 8 fois 0 font 0 et 7 de retenue font 7 , je pose 7 ; 8 fois 2 font 16 , je pose 6 et j'avance 1. J'ai pour *produit* 16712 fr., qui est le prix que coûteraient 8 hectares.

48. D'après le principe établi au n° 33 , quand le multiplicateur est un chiffre significatif suivi d'un ou de plusieurs 0 , il suffira de multiplier le multiplicande par le chiffre significatif du multiplicateur, et d'ajouter sur la droite du produit autant de 0 qu'il s'en trouve à la droite du multiplicateur.

$$
\begin{array}{r}
\text{Soit à multiplier} \quad 358 \\
\text{par} \quad 700 \\
\hline
250600
\end{array}
$$

Je fais le produit de 358 par 7, et à la droite de ce produit j'ajoute deux 0 , parce qu'il y en a deux à la droite du multiplicateur.

49. D'après le même principe , lorsque les deux facteurs sont terminés par un ou plusieurs 0 , on effectuera l'opération sans faire attention à ces 0 , et on les ajoutera ensuite à la droite du produit.

$$
\begin{array}{r}
\text{Soit à multiplier} \quad 6700 \\
\text{par} \quad 50 \\
\hline
335000
\end{array}
$$

On fait le produit de 67 par 5 , et à la droite de ce produit on ajoute trois 0 , parce qu'il y en a trois à la droite des deux facteurs.

50. Lorsque le multiplicateur est un nom-

bre composé de plusieurs chiffres, on fait autant d'opérations particulières qu'il y a de chiffres dans le multiplicateur; c'est-à-dire qu'après avoir multiplié par les unités, on multiplie par les dizaines, puis par les centaines, etc.

Soit à multiplier   5838
par   365

29190   1er *produit partiel.*
35028   2e *produit partiel.*
17514   3e *produit partiel.*

2130870   *Produit total.*

Après avoir écrit le multiplicateur sous le multiplicande, je multiplie ce dernier par les 5 unités du multiplicateur; ce qui donne 29190 pour 1er produit partiel.

Ensuite je multiplie par les 6 dizaines du multiplicateur, et j'obtiens pour 2e produit partiel 35028 dizaines que j'écris sous le 1er produit, en ayant soin de placer le premier chiffre à droite au rang des dizaines.

Enfin, je multiplie par les trois centaines du multiplicateur, et j'ai pour 3e produit partiel 17514 centaines que j'écris également sous les deux 1ers produits, en ayant encore soin de placer le 1er chiffre à droite au rang des centaines.

51. Si le multiplicateur renferme des zéros, on multiplie par les chiffres significatifs, sans faire attention à ces 0, mais en ayant toujours soin de placer le 1er chiffre à droite de chaque produit partiel sous celui par lequel on multiplie, ainsi qu'on peut le voir dans l'exemple suivant :

$$
\begin{array}{r}
1907 \\
6008 \\
\hline
15256 \\
11442 \\
\hline
11457256
\end{array}
$$

52. Lorsque le multiplicande a moins de chiffres que le multiplicateur, on peut renverser l'ordre des deux facteurs et multiplier par le multiplicande. Cela ne change rien au résultat, si l'on a soin d'indiquer qu'il exprime des unités de même nature que le multiplicande primitif.

53. On emploie ordinairement ce procédé pour faire la PREUVE de la multiplication; car, après avoir interposé l'ordre des deux facteurs, si l'on retrouve le même produit que dans la première opération, il est évident que celle-ci est exacte.

MULTIPLICATION DES NOMBRES DÉCIMAUX.

54. La multiplication des nombres *décimaux* se fait comme celle des nombres entiers, sans avoir égard à la virgule; mais on sépare à la droite du produit autant de chiffres décimaux qu'il y en a dans les deux facteurs.

55. Il peut arriver que l'un des facteurs soit un nombre entier; alors on sépare sur la droite du produit autant de décimales qu'il y en a dans l'autre facteur.

56. Si le produit ne renferme pas autant de chiffres qu'il doit y avoir de décimales, on ajoute à gauche de ce produit autant de zéros qu'il est nécessaire.

Les exemples suivants serviront d'exercices, en indiquant les trois cas qui peuvent se présenter :

```
       4,35              4875            0,054
       8,06              8,025           0,56
     ───────           ───────         ───────
      26 10             24 375           3 24
     34 80              97 50           27 0
     ───────           39000          ───────
     55,06 10         ─────────        0,030 24
                      39121,875
```

Cette manière d'opérer s'explique facilement. Soit, par exemple, la multiplication de 0,054 par 0,56, dont il est question au 3e exemple ci-devant.

Au lieu de 0,054, j'ai pris pour multiplicande 54 unités, nombre mille fois plus grand ; le produit est donc mille fois trop fort. Pour le ramener à sa valeur véritable, il faut le rendre mille fois plus petit, c'est-à-dire séparer trois chiffres décimaux sur la droite.

D'un autre côté, au lieu de 0,56, j'ai pris pour multiplicateur 56 unités, nombre cent fois plus grand ; le produit sera donc encore cent fois trop fort. On le ramènera à sa juste valeur en le rendant cent fois plus petit, c'est-à-dire en reculant la virgule de deux rangs vers la gauche. On aura donc ainsi séparé 5 décimales, c'est-à-dire autant qu'il y en a dans les deux facteurs.

TABLE DE MULTIPLICATION.

Pour opérer facilement la multiplication, il faut savoir par cœur la table suivante.

2 fois	2	font	4	5 fois	5	font	25
2 fois	3	font	6	5 fois	6	font	30
2 fois	4	font	8	5 fois	7	font	35
2 fois	5	font	10	5 fois	8	font	40
2 fois	6	font	12	5 fois	9	font	45
2 fois	7	font	14	5 fois	10	font	50
2 fois	8	font	16				
2 fois	9	font	18	6 fois	6	font	36
2 fois	10	font	20	6 fois	7	font	42
				6 fois	8	font	48
3 fois	3	font	9	6 fois	9	font	54
3 fois	4	font	12	6 fois	10	font	60
3 fois	5	font	15				
3 fois	6	font	18	7 fois	7	font	49
3 fois	7	font	21	7 fois	8	font	56
3 fois	8	font	24	7 fois	9	font	63
3 fois	9	font	27	7 fois	10	font	70
3 fois	10	font	30				
				8 fois	8	font	64
4 fois	4	font	16	8 fois	9	font	72
4 fois	5	font	20	8 fois	10	font	80
4 fois	6	font	24				
4 fois	7	font	28	9 fois	9	font	81
4 fois	8	font	32	9 fois	10	font	90
4 fois	9	font	36				
4 fois	10	font	40	10 fois	10	font	100

MULTIPLICATION.

Exercices sur la Multiplication.

NOMBRES ENTIERS.

373	23456 ×	4
374	34567 ×	5
375	45678 ×	6
376	56789 ×	7
377	67891 ×	80
378	78060 ×	90
379	80794 ×	460
380	790800 ×	570
381	8735 ×	2450
382	7049 ×	7895
383	84765 ×	6384
384	7804 ×	5403
385	85008 ×	6079
386	2497 ×	9008
387	75890 ×	70560
388	409 ×	5400
389	9480 ×	90007
390	3 803607 ×	74090
391	879000 ×	70900
392	90 ×	80750
393	907856 ×	907080
394	8007 ×	70080
395	9 507080 ×	708090
396	907456 ×	20870
397	800047 ×	900058
398	7 300800 ×	70090
399	879000 ×	98000
400	870009 ×	80070

NOMBRES DÉCIMAUX.

401	9,15 ×	789
402	476,9 ×	598
403	94,375 ×	987

404	5870,099	×	8755
405	7872,0478	×	7080
406	80019,50009	×	18907
407	788	×	8719,596
408	8700	×	709,00789
409	7090	×	807,05067
410	39,47	×	308,9005
411	8040,0390	×	7090,0074
412	87100,1507	×	8000,7901
413	8007,9120	×	9500,0179
414	7080,08007		

415	0,7856	×	0,98765
416	0,80075	×	0 70080
417	0,0758	×	0,87005
418	0,00896	×	0,00875
419	0,095	×	0,00085
420	0,000875	×	0,010978
421	700	×	0,80076
422	9	×	0,000097
423	0,0079	×	70095
424	0,00008	×	918
425	9,000007	×	0,000095
426	0,0075	×	0,179
427	97	×	0,00783

Problèmes sur la Multiplication.

428. Un homme a vécu 79 ans, combien a-t-il vécu de jours, l'année étant de 365 jours ?

429. Un courrier parcourt en un jour 95 kilom., combien en parcourra-t-il en 175 jours ?

430. Combien coûteront 135 mèt. 6 d'étoffe, le mèt. coûtant 19 f. 75 ?

431. Un épicier a acheté 3895 kilog. de sucre à 1 fr. 95 le kilog, combien a-t-il dépensé?

432 On a acheté 25 pièces de vin de 298 lit. 75 chacune, à raison de 95 cent. le litre ; combien doit-on payer ?

433. Un imprimeur a acheté 236 rames de papier à raison de 6 f. 50 la rame : le poids d'une rame étant de 6 kilog. 35, combien l'imprimeur a-t-il déboursé, et quel était le poids du papier ?

434. La rame de papier contient 20 mains, la main 25 feuilles, combien y a-t-il de feuilles dans 890 rames ?

435. Un imprimeur a reçu 79 rames et demie de papier pour l'impression d'un ouvrage, combien a-t-il reçu de feuilles ?

436 Une bibliothèque se compose de 19 chambres ; chaque chambre a 18 rayons portant chacun 198 volumes, quel est le nombre total de ces volumes ?

437. Le produit des trois nombres 167, 25 et 18, représente la population de la ville de Nantes, quelle est cette population ?

438. Un ouvrage est composé de 45 volumes ; chaque volume contient 32 feuilles, chaque feuille contient 16 pages, chaque page est de 48 lignes et chaque ligne de 52 lettres, combien cet ouvrage renferme-t-il de lettres ?

439. Combien coûteront 27 pièces de drap de 48 mèt. 5 centim. chacune, le prix du mèt. étant 37 f. 85 ?

440. 48 ouvriers travaillant 8 heures par jour ont fait en 39 jours et demi un certain ouvrage, combien ont-ils employé d'heures, et combien un ouvrier en aurait-il employé pour faire seul cet ouvrage ?

441. Le produit des nombres 779, 25, 33 et 20 donnant la population du royaume de Prusse, quel est le chiffre de cette population ?

442. Que faut-il payer pour 75 centimèt. de toile à cinquante cent. le mètre ?

443. Combien coûteront 459 mèt. 8 cent. de drap à 1 f. 19 le décimèt. ?

444 Combien coûteront 35 millimèt. d'étoffe à 9 cent. le décimèt. ?

445. Combien paiera-t-on pour 78 kilog. et demi de sucre à 95 cent. le kilog ?

446. Que doit-on pour 508 douzaines de pommes à un cent. et demi la pomme ?

447. Que doit-on payer pour 49 rames de papier à un cent et demi la feuille ?

448. Combien coûteront 95 douzaines de crayons à 4 cent. et demi le crayon ?

449. Combien payera-t-on pour 19 paquets de plumes à **3** cent. et demi la plume ?

450. Combien coûteront 9 décimèt. de drap à 18 cént. le centimèt ?

451. Combien doit-on payer à 19 ouvriers qui ont travaillé pendant 15 jours et demi, à raison de chacun 2 fr. 5 cent par jour ?

452. Quel sera le prix de trois pièces de vin contenant chacune 195 lit. et demi, à 9 cent. le décil. ?

453. On veut donner 7 cent et demi à trois détachements de soldats de chacun 345 hommes, quelle somme faudra-t-il ?

454. L'année commune étant de 365 jours, combien y a-t-il d'heures dans 45 années ?

455. Combien y a-t-il de minutes dans une année ?

456. Combien y a-t-il d'heures en 9 mois ?

457. Combien y a-t-il d'heures en 18 ans, en 7 mois, en 25 jours ?

458. Combien y a-t-il de minutes en 7 ans, en 8 mois, en 19 jours ?

459. Combien y a-t-il de secondes en un jour ?

460. Combien y a-t-il de secondes en un mois ?

461. Combien y a-t-il de secondes en une année ?

462. Combien y a-t-il de secondes en 14 ans, en 11 mois, en 18 jours, en 19 heures ?

463. En supposant qu'un homme respire 20 fois par minute, combien aura respiré de fois celui qui meurt à l'âge de 92 ans ?

464. Combien doit-on payer pour 49 douzaines et demie de crayons à 5 cent. la pièce ?

465. Combien paiera-t-on pour quinze paniers contenant chacun 25 douzaines de figues, à 1 cent. et demi la pièce ?

466. Quelle somme faudra-t-il débourser pour entretenir 45 malades pendant un an, à raison de deux cent. et demi par minute pour chacun ?

567. Combien doit-on payer pour huit pièces de toile con—

tenant chacune 85 mèt. 135, à raison de 25 cent. le centim. ?

468. Combien doit-on payer pour huit cents gerbées à 7 f. 5 cent. le cent ?

469. Quel sera le prix de 5895 fagots, à raison de 1 fr. 8 cent. le dizeau ?

470. Combien coûteront 14 dizeaux de foin à 36 fr. 75 le cent ?

471. Combien doit-on payer pour 58594 plumes, à 25 f. 90 le mille ?

472. Combien doit-on payer pour 18 paniers contenant chacun 15 douzaines de pommes, à raison de 4 cent. et demi la pièce ?

473. Un boucher vend chaque semaine 1958 kilog. et demi de viande, combien en vendra-t-il en 9 ans et demi ?

474. En supposant que le balancier d'une horloge frappe 56 coups par minute, combien en frappera-t-il en 25 ans, en 8 mois, en 15 jours, en 18 heures ?

475. Lorsque le demi-mèt. de drap se vend 9 fr. 5 cent. et demi, combien doit-on payer pour deux pièces contenant chacune 92 mèt. 8 centim. ?

476. Combien doit-on payer pour 873 bottes de foin à raison de 375 f. le mille ?

477. Combien coûteront 27 bottes de foin à 25 f. 75 le cent ?

478. Combien doit-on payer à 9 ouvriers qui ont travaillé trois quarts (1) de jours, le prix d'une journée de travail étant 95 cent. ?

479. Combien paiera-t-on à 38 ouvriers qui ont travaillé 7 jours et un quart (2), à raison de chacun 15 décimes et demi pour chaque journée ?

480. Le décilitre de bière coûtant 2 cent. et demi, quel sera le prix de 75 litres et demi ?

481. Combien doit-on payer pour 16 pièces de drap contenant chacune 75 mèt., à 85 f. 5 la pièce ?

---

(1) Cette quantité peut se remplacer par la fraction décimale 0,75.

(2) On peut remplacer UN QUART par la fraction décimale 0,25.

482. Combien paiera-t-on pour 750 plumes à 25 f. 5 cent. le mille ?

483 Combien doit-on payer pour 95 milimèt. de ruban à deux cent. et demi le décim ?

484. Combien coûteront 27 pièces de drap de 48 mèt. chacune, le prix du décimèt. étant 3 fr. 8 cent. ?

485. 345 ouvriers gagnant chacun par jour 3 fr. 85 ont travaillé 26 jours et un quart sans recevoir leur salaire, que doit-on à chacun d'eux ; à tous ensemble ?

486. Un marchand de vin a huit caves renfermant chacune **25** pièces de vin et 9 pièces de liqueurs ; chaque pièce de vin est de **218** lit., et chacune de celles de liqueurs de 85 , dire combien le marchand a de vin , de lit. de liqueurs ; quelle somme il recevrait sur chaque vente, s'il vendait séparément son vin et ses liqueurs, le lit. de vin étant à 45 cent. , et le lit. de liqueurs à 1 fr. 35 .

Problèmes

Sur l'addition , la soustraction et la multiplication combinées.

487. Un marchand de vin en a acheté 1500 lit , à 3 décimes le lit. ; il l'a revendu à 45 cent. : qu'a-t-il déboursé, qu'a-t-il reçu, quel a été son bénéfice ?

488. Un tapissier vend 6 chaises à 15 fr. l'une, 4 fauteuils à 60 fr., 7 glaces à 280 fr., 5 paires de rideaux à 35 f. 75 la paire : combien doit-il recevoir ?

489. Une ménagère sort pour faire son marché; elle possède 5 pièces de 5 f., 4 pièces de 50 cent., 5 pièces de **25** cent., et 7 pièces de 10 cent.; après avoir terminé ses achats, il ne lui reste plus que 5 pièces de **2** fr. et **5** de 25 cent., qu'a-t-elle dépensé ?

490. Un épicier possède 375 kilog. de sucre à 1 fr. 75 , 425 kilog. 8 à 1 fr. 55, et 576 kilog. 35 à 1 fr. 35 : combien a-t-il de kilog. de sucre, et pour combien en possède-t-il en tout ?

491. Quelle est la population d'un petit Etat composé de 25 villes de chacune treize mille habitants; de 36 bourgs de huit cents habitants, et de 1830 villages ayant ensemble 156987 habitants ?

492. Un menuisier a acheté 549 planches de chacune 3 mèt. 9 centimèt. de longueur, dont la moitié à 65 cent. le mèt., et le reste à 5 décimes, combien coûte le tout ?

493. Un marchand a reçu 4 caisses de marchandises contenant chacune 290 kilog. 05, à raison de 7 fr. sept cent. et demi le kilog.; il a payé pour le port de chaque caisse 36 déc ; combien doit-il débourser pour le tout ?

394. Un marchand de bois en a acheté 343 st , dont la moitié à 12 fr. 75 le st., et le reste à 18 fr., combien doit-il payer ?

495. On a acheté 158 mèt. 175 de drap à 25 fr. 18 le mèt.; on l'a revendu à 26 fr., combien a-t-on gagné ?

496 Un marchand de moutons en a acheté 138 à 26 f. 50 ; il les a revendus à 28 fr., combien a-t-il gagné ?

497. Un marchand de moutons en a acheté 453, dont la moitié à 23 fr. 95, et le reste à 20 fr. 5 cent.; il en a revendu 98 à 28 fr., 17 à 26 f. 5., et le reste à 30 fr., combien a-t-il gagné ?

498. Un marchand de drap en a acheté 13 pièces contenant chacune 78 mèt , à 14 fr 50; il en a revendu une pièce pour 156 fr. 78; puis 56 mèt. 17 a 18 fr. 6, et le reste à 20 fr. 5 cent. le mèt., combien a-t-il gagné ?

499. Un marchand a acheté 3 pièces de vin; la 1re contient 137 lit. 5, et coûte 1 fr. 30 le lit ; la 2e contient 139 lit. 17, et coûte 75 cent. le lit ; la 3e contient 200 lit. 15, et coûte 97 cent. et demi le lit.; il a revendu le tout à 2 fr. le litre, combien a-t-il gagné ?

500. Un menuisier a fait 26 mèt. 15 d'ouvrage en 15 jours trois quarts, 78 mèt en 20 jours et un quart, 70 mèt. 90 en 15 jours et demi, combien a-t-il travaillé de jours, et combien a-t-il gagné, sachant qu'il prend 1 fr. 75 du mèt. ?

501. Un négociant a acheté 345 mèt. de drap à 25 fr. 35, 3640 mèt. de toile à 6 fr., 1500 mèt. de calicot à 75 cent , 685 m. de mousseline à 1 fr. 85. Il a revendu son drap à 29 fr. le mèt , la toile à 7 f., le calicot à 85 cent., la mousseline à 2 fr. 15, combien a-t-il acheté de mèt. d'étoffes, et quel a été son bénéfice total ?

502. Une maison a 98 fenêtres et 18 portes vitrées; 42 fenêtres ont 6 carreaux à 1 f. 75; 25 autres en ont 8 à 0 f. 75; toutes les autres sont de 16 carreaux à 25 cent. Chaque porte vitrée en compte 6 à 0 f. 35, combien y a-t-il de carreaux en tout, et que doit-on payer au vitrier ?

503. Un vigneron a trois vignes dans lesquelles il a récolté 4500 hectol. de vin; la 1re en a produit 190 hectol. 25; la 2e, 800 hectol. 5; quel est le produit de la 3e, et combien doit-il recevoir, s'il vend ce vin 78 f. 3 cent. l'hectol. ?

504. Combien y a-t-il de secondes en 26 ans 15 jours 18 heures et 16 minutes ?

505. Combien doit-on payer à 56 ouvriers qui ont travaillé pendant 15 jours et un quart, à raison de 6 fr. 75 par jour pour chacun des 37 premiers, et de 5 fr. 50 pour les autres ?

506. Deux particuliers doivent ensemble la somme de 9000 fr., combien restera-il à payer au premier, s'il donne d'abord 456 fr., ensuite 35 mèt. 25 de toile à 2 f. 75 le mèt., sachant que le second a soldé sa part, montant à 3549 fr. ?

507. Combien s'est-il écoulé de minutes depuis la naissance de Jésus-Christ jusqu'au 25 décembre 1848, en comptant toutes les années de 365 jours ?

508. Que faut-il payer pour 48 rouleaux d'images de chacun 36 feuilles, et chaque feuille de 8 images, à 5 cent. et demi l'une?

509. 650 poutres ont été tirées d'une coupe de bois payée 98560 fr., quel sera le bénéfice du marchand, s'il vend les poutres 100 fr. pièce, et le reste du bois 3560 fr. 75. ?

510. Un particulier prête à un de ses amis une pièce de drap de 78 mèt. 35 à 9 fr. 75 le m.; celui-ci ayant débité le drap, rend une autre pièce de 60 mèt. 77 millim., estimée 7 fr. 90 le mèt., que doit-il donner en argent?

511. Un particulier achette une propriété dont le prix est représenté par le produit effectué des 4 nombres 7, 82, 6, 75; il réalise, en la revendant, un bénéfice exprimé par le produit 18×25×37, combien a coûté cette propriété, et combien a-t-elle été revendue?

512. Un joueur entre au jeu avec 3 pièces de 20 fr., 7 de 5 fr., 5 de 2 fr., et 15 de 50 cent.; il se retire avec 4 pièces

de 20 fr., 6 de 5 fr., 9 de 2 fr., et 7 de 0 fr. 25 : quel a été son gain ?

513. Une église a 35 ouvertures dont chacune doit être fermée avec des verres de différentes couleurs et de différents prix. Les verres rouges, au nombre de 65 par ouverture, coûtent 0 fr. 45 la pièce ; les bleus, au nombre de 47, se paient 35 cent. ; enfin les blancs, au nombre de 90, se paient 0 fr. 25 : combien y aura-t-il de verres en tout, et combien faudra-t-il payer au vitrier ?

514. Pour faire 3 matelas, on a acheté 36 kilog. 25 de laine, 12 kilog. de crin, 15 m. 75 de toile : combien doit-on payer pour le tout, sachant que la laine coûte 2 fr. 90 le kilog., le crin 2 fr. 50, et la toile 1 fr. 75 le mèt ?

515. Un père de famille gagne 7 fr. 25 par jour et dépense 5 fr. 50 : combien lui reste-t-il au bout de l'année, sachant qu'il s'abstient de travailler les 52 dimanches et les 8 principales fêtes ?

516. Un marchand de drap en a acheté 8 pièces contenant chacune 75 m. 5, à raison de 150 fr. 5 la pièce ; il en a revendu 148 m. 58 à 23 fr. 20 le mètre ; puis 249 m. à 20 f ; puis 57 m. 175 à 23 fr. 35 ; enfin, il a revendu ce qui lui restait à 21 fr 5 cent : combien a-t-il gagné ?

517. Un éditeur achette un ouvrage de 7 feuilles d'impression et pour lequel il paie à l'auteur 8 cent. par exemplaire. Chaque édition est tirée à 5000 exemplaires, on fait régulièrement 8 tirages par an, à combien s'élèvent les droits perçus par l'auteur, et combien l'imprimeur reçoit-il de feuilles de papier chaque année pour imprimer cet ouvrage ?

DIVISION.

DIVISION DES NOMBRES ENTIERS.

57. La DIVISION est une opération par laquelle on partage un nombre appelé *dividende* en autant de parties égales qu'il y a d'unités dans un autre nombre appelé *diviseur*.

La DIVISION sert aussi à chercher combien de fois un nombre appelé *dividende* en contient un autre appelé *diviseur*.

Ainsi, diviser 30 par 6, c'est partager 30 en 6 parties égales, ou chercher combien 30 contient de fois 6.

58. Le résultat de la division, ou le nombre qui indique combien de fois le dividende contient le diviseur, s'appelle QUOTIENT.

PREMIER PROBLÈME. Un particulier a une somme de 1792 fr. à distribuer entre 7 personnes : quelle sera la part de chacune ?

SOLUTION. L'opération que j'ai à exécuter consiste à partager 1792 en 7 parties égales ; et, pour y parvenir, je partagerai successivement en 7 parties chaque ordre d'unité, en commençant par les unités de l'ordre le plus élevé.

Opération.

Dividende   1792 | 7 *Diviseur.*
14 | ————————
————   256 *Quotient.*
0392
35
————
042
42
————
00

Après avoir écrit le dividende, et à la droite le diviseur, en les séparant par un trait, et avoir tiré un second trait sous le diviseur, au-dessous duquel je dois placer le quotient, je partage en 7 parties égales les 16 centaines du dividende; ce qui donne plus de 2 centaines pour chaque partie; car, 7 fois 2 centaines ne font que 14 centaines. Retranchant ce nombre de 1792, il reste 392 à partager en 7 parties égales.

Je partage ensuite en 7 parties les 39 dizaines du nombre 392, ce qui donne pour chaque partie 5 dizaines, qui, multipliées par le diviseur 7, donnent 55 dizaines pour produit ; retranchant ce nombre de 392, il reste 42 unités à partager en 7 parties égales.

42 unités partagées en 7 parties égales donnent 6 unités pour chaque partie. 7 fois 6 unités font 42 unités, qui, retranchées de 42, donnent pour reste 0. Le quotient se compose donc de 2 centaines, 5 dizaines et 6 unités, ou 256 unités. Par conséquent la part de chaque personne sera de 256 francs.

2e PROBLÈME. Un débiteur doit à son créancier la somme de 402712 fr. ; il paie 568 fr. par jour : en combien de jours aura-t-il remboursé la somme?

SOLUTION. L'opération que j'ai à exécuter consiste à chercher combien 402712 contient de fois 568 ; car autant de fois ce premier nombre contiendra le second, autant de jours le créancier devra attendre pour recevoir le dernier paiement.

Opération.

$$\begin{array}{r|l} 402712 & 568 \\ 3976 & \overline{} \\ \overline{} & 709 \\ 005112 & \\ 5112 & \\ \overline{} & \\ 0000 & \end{array}$$

Le diviseur 568 n'étant pas contenu dans le nombre 402 formé par les trois premiers chiffres à gauche du dividende, je cherche combien de fois il est contenu dans le nombre 4027,

Pour y parvenir plus rapidement, je cherche d'abord comb'en le 1er chiffre à gauche du diviseur est contenu dans 40 ; il y est contenu 8 fois ; je multiplie 568 par 8, et j'ai 4544, nombre plus grand que 4027. J'en conclus que le chiffre du quotient doit être plus petit que 8. En multipliant 568 par 7, j'obtiens 3976, nombre inférieur à 4027 centaines, d'où je conclus que le quotient doit renfermer 7 centaines. Je retranche 3966 centaines de 4027 centaines, et j'ai pour reste 51 centaines.

A côté de ces 51 centaines qui restent, je descends le chiffre 1 des dizaines du dividende, et j'obtiens ainsi 511 dizaines. Ce nombre ne pouvant contenir 568, j'en conclus qu'il n'y a pas de dizaines au quotient, et je mets un 0 à la droite des 7 centaines, afin de tenir la place des dizaines.

A côté des 511 dizaines qui restent, je mets le chiffre 2 des unités du dividende, et j'obtiens ainsi 5112. Je cherche combien ce nombre contient le diviseur 568, en disant : en 5112 combien de fois 568, ou en 51 combien de fois 5 ? J'obtiens ainsi 9 unités au quotient ; en multipliant par ce nombre le diviseur 568, j'ai 5112, qui, retranchés de 5112, donnent pour reste 0. Le quotient exact est donc 709 ; c'est-à-dire que le créancier devra attendre 709 jours pour être entièrement remboursé.

59. Lorsqu'en divisant deux nombres l'un par l'autre, on obtient un reste, on le réduit en dixièmes en plaçant un zéro à droite ; on cherche combien de fois ce nombre de dixièmes contient le diviseur, et l'on écrit le quotient au rang des dixièmes, après avoir mis une virgule à la droite des unités.

60. S'il y a un second reste, on le réduit en centièmes en ajoutant un 0 à sa droite. On cherche combien de fois ce nombre de centièmes contient le diviseur, et l'on a les centièmes du quotient. On continue ainsi jusqu'à ce que la division se fasse sans reste, ou que l'on ait obtenu le nombre de décimales que l'on veut avoir.

Soit à diviser 213 par 40.

Opération.

```
213 | 40
200 | ———————
     |      5,325
————
0130
 120
————
0100
  80
————
 200
 200
————
 000
```

Après avoir trouvé 5 unités pour la partie entière du quotient, il reste 13 unités, à la droite desquelles je mets un 0 pour les convertir en dixièmes, et j'ai 130 dixièmes, 3 dixièmes pour quotient et pour reste 10. Je mets un 0 à la droite de ce dernier nombre pour avoir des centièmes, etc.

3ᵉ PROBLÈME. 16 mèt. de toile coûtant 7 fr., quel sera le prix du mètre?

Opération.

```
70 | 16
64 | ———————
   |     0,4375
———
060
 48
———
120
112
———
0080
  80
———
 00
```

Ne pouvant pas partager 7 fr. en 16 parties, j'en conclus aussitôt que je n'aurai pas de francs au quotient; je mets donc un 0 pour en tenir lieu. Je réduis les 7 fr en dixièmes ou décimes, en plaçant un 0 à sa droite, et j'obtiens ainsi les décimes du quotient. Je continue à mettre un 0 à la droite de chaque reste successif, et à faire la division jusqu'à ce qu'elle s'effectue sans reste; et je trouve pour quotient 0 fr. 4375. En ajoutant une unité de plus au chiffre qui représente les centimes, et en négligeant les suivants, j'aurai pour le prix du mèt. 44 cent., à moins de 5 millièmes d'erreur.

61. Lorsque la division ne peut pas se faire exactement, si le chiffre des décimales de la plus petite espèce du quotient est plus grand que 5, on y ajoute une unité de plus et l'on néglige le reste du dividende.

62. La PREUVE de la division se fait ordinairement en multipliant le diviseur par le quotient, et en ajoutant au produit le reste de la division, s'il y en a un; on doit alors retrouver le dividende.

Soit à diviser 4835 par 134.

Opération.

```
Dividende   4835 | 134  Diviseur.
            402  | ----
                    36   Quotient.
            0815
             804
            -----
             011
```

Preuve:

$$134$$
$$36$$

$$804$$
$$402$$

Reste de la division 11

Produit égal au dividende. 4835

Nota. La division peut se faire par un moyen beaucoup plus court que celui que nous indiquons. Ce moyen consiste à effectuer à la fois la multiplication et la soustraction. Lorsque les élèves seront bien exercés à faire la division d'après la manière indiquée, le maître pourra, s'il le juge à propos, leur enseigner le second moyen.

DIVISION DES NOMBRES DÉCIMAUX.

63. Pour diviser deux nombres décimaux l'un par l'autre, on les réduit à la même espèce en mettant un ou plusieurs 0 à la droite de celui qui renferme le moins de décimales; puis on fait la division comme celle des nombres entiers.

Si l'un des deux nombres était entier, on mettrait à sa droite autant de 0 qu'il y aurait de chiffres décimaux dans l'autre nombre (1).

---

(1) Nous savons que, lorsqu'il n'y a que le dividende qui est affecté de décimales, il n'est pas nécessaire d'en figurer autant par des 0 au diviseur; mais c'est pour tout réduire à une règle générale que nous donnons cette méthode.

Premier exemple. Divisez 15,525 par 3,45.

Opération.

```
15525 | 3450
13800 | ——
——     4,5
17250
17250
——
00000
```

2ᵉ exemple. Divisez 148, 75 par 35.

Opération.

```
14875 | 3500
14000 | ——
——     4,25
 8750
 7000
——
17500
17500
——
00000
```

64. Ce qui vient d'être dit sur les nombres décimaux s'applique aux fractions décimales et aux nombres représentant les mesures métriques (n° 36).

65. Dans la division des nombres, soit entiers, soit décimaux, lorsque le dividende et le diviseur sont terminés par des 0, on peut abréger l'opération en supprimant à la droite de chacun des deux nombres autant

2"

de 0 qu'il y en a dans celui qui en contient le moins.

Ainsi, par exemple, si l'on avait à diviser 48000 par 1200, on pourrait supprimer deux 0 à la droite de chacun des deux nombres, et diviser 480 par 12.

Exercices sur la Division.

NOMBRES ENTIERS.			NOMBRES DÉCIMAUX.		
518	85246	2	546	19,45	7,4
519	7035	3	547	40,72	8,5
520	8436	4	548	48,5	5,373
521	17640	5	549	756,75	18,695
522	25872	6	550	2,378	45,5875
523	35994	7	551	87326,5	375,45
524	194520	8	552	40,75	8637,675
525	121626	9	553	759,965	195,8
526	819863	52	554	38,0035	378,25
527	135406	63	555	9372,25	29,3876
528	970362	85	556	9,0095	494,80075
529	521024	64	557	18700,3	196,3795
530	984728	75	558	1305,045	8470,35
531	566008	46	559	87,5	178930,75
532	154968	68	560	1,25	189765,0345
533	137006	79			
534	194678	47	561	0,352	0,1365
535	230068	36	562	0,97	0,985
536	666648	441	563	0,87365	0,185
537	767642	386	564	7840	0,859
538	634210	278	565	0,1396	7372
539	124674	1260	566	0,005	18,5
540	964320	2760	567	7,25	9,8797
541	7246500	6920	568	0,095	0,00185
542	9120120	69700	569	0,0007	0,075
543	6876218	469170	570	0,39	1875
544	3466000	1972500	571	1234	0,15945
545	4268900	17670	572	0,12345	1,956

Problèmes sur la Division.

573. On a payé 6027 fr. à 98 ouvriers, quelle est la part de chacun?

574. Le mètre de drap coûtant 26 fr. 75, combien en aura-t-on pour 2568 fr.?

575. Pour 6319 fr. on a 325 mètres 435 de drap, à combien revient le mètre?

576. On a distribué 9 fr. 45 à 18 ouvriers, quelle a été la part de chacun?

577. Pour 450 oranges on a payé 11 fr. 25, à combien revient, primo l'orange, secundo la douzaine?

578. Un voyageur a fait 5421 kilom. de chemin en 19 jours et demi, combien a-t-il parcouru de kilomèt., primo par jour, secundo par semaine?

579. Combien aura-t-on de paquets de plumes pour 3 fr. 125, sachant que le paquet coûte 0 fr. 625?

580. Un épicier a vendu, primo 386 kilog. de sucre pour 836 fr., secundo 475 kilog. 5 pour 903 fr. 45, enfin 625 kilog. 5 pour mille fr. 50 cent.; combien a-t-il vendu le kilog. de chaque espèce?

581. Il y a dans une année 525600 minutes, un jour en contient 1440, une heure 60, combien y a-t-il de jours et d'heures dans l'année?

582. Quatre héritiers doivent se partager une somme de 37750 fr.; le 1er a droit au cinquième de cette somme, le 2e au quart du reste, le 3e au tiers, quelle sera la part de chacun?

583. Pour 78 fr. 75 on a acheté 525 mèt. de ruban, à combien revient le mètre?

584. Pour la somme de 900 fr. on a eu trente mille plumes, à combien revient la plume?

585. Quelqu'un a une rente annuelle de 4018 fr. 65, combien a-t-il à dépenser par jour et par heure?

586. On a payé 168 fr. pour 56 douzaines de crayons, à combien revient le crayon?

587. Pour la somme de 702 fr. on a eu 78 douzaines de canifs, à combien revient le canif?

588. On a payé 2205 fr. pour 49 mille plumes, à combien revient la plume?

589. Combien doit-on payer pour une brique, lorsque 247 fr. 50 sont le prix de 22 mille et demi?

590. Une rame de papier coûtant 7 fr. 50, à combien revient la feuille, sachant que la rame est de 20 mains et la main de 25 feuilles?

591. Combien y a-t-il d'heures en 5430 minutes?

592. Combien y a-t-il de jours en 8544 heures?

593. Combien y a-t-il de jours en 54720 minutes?

594. Combien y a-t-il d'années en 4380 jours?

595. Combien y a-t-il d'années en 552960 minutes?

596. Combien y a-t-il d'années en 26280 heures?

597. Combien y a-t-il de rames de papier en 58975 feuilles?

598. Une rame de papier coûtant 4 fr. 75, à combien revient la feuille?

599. Combien paiera-t-on pour une plume, lorsque 35 cent. sont le prix d'un paquet?

600. La main de papier coûtant 42 cent. et demi, combien paiera-t-on pour une feuille?

601. Lorsque la douzaine de couteaux vaut 1 fr. 35, combien coûtera chaque couteau?

602. Un prodigue dépense 75 fr. 50 par jour, combien mettra-t-il de mois à dissiper son patrimoine montant à 54360 fr.?

603. Un menuisier a acheté 340 planches de 4 m. 25 de long pour la somme de 578 fr., à combien revient le mètre?

RÉCAPITULATION.

Problèmes sur les quatre opérations fondamentales de l'Arithmétique.

604. Cent huit rasoirs ont été payés à raison de 20 fr. la douzaine, quelle somme a-t-on déboursée, et combien doit-on les revendre la pièce pour gagner 5 fr, après avoir donné 8 rasoirs aux pauvres?

605. Un particulier qui me devait le coût de 35 hect. trois quarts de blé à 12 fr., me solde avec 24 mèt. de drap, quel est le prix du mètre?

606. Les élèves d'une école sont divisés en 6 classes; la 1re en contient 45, la 2e 14 de moins, la 3e 18 de plus que la 2e, la 4e 12 de moins que la 3e, la 5e autant que les deux 1res, la 6e 15 de plus que la 4e, combien le maître recevra-t-il chaque mois, si ses élèves lui paient chacun 1 fr. 27 cent. et demi?

607. Un particulier qui jouissait d'un revenu annuel de 2656 fr. 30, a économisé 9150 fr. en 15 ans, combien dépensait-il par jour?

608. Un ouvrier qui a 180 mèt. 75 d'ouvrage à faire en 15 jours, demande combien il doit en faire par jour et par heure, en travaillant 5 heures par jour?

609. Combien nourrira-t-on d'hommes pendant 6 mois avec 543240 kilog. de pain, en leur en donnant à chacun 0 kil. 75 par jour?

610. Un ouvrier a reçu 67 fr. 50 pour un ouvrage qu'il a fait en 15 jours, travaillant 15 heures par jour, combien a-t-il gagné par chaque heure?

611. Un père laissa 16 mille fr. à ses trois enfants; l'aîné eut 789 fr. 75 de plus que son cadet, qui eut 5500 fr., quelle fut la part du troisième?

612. Paul naquit en 1848, en quelle année aura-t-il 75 ans et quel serait son âge en 4901?

613. On a acheté 345 mèt. 5 de toile pour la somme de 1018 fr., combien faut-il revendre le mètre pour gagner 86 fr. 25 sur le tout?

614. On a donné 763 mèt. de drap pour payer 3052 mèt. de toile, à combien revient le mètre de toile, si celui de drap vaut 16 fr.?

615. Sur la somme de 8725 fr. 45, 14 sergents ont pris chacun 260 fr.; 450 soldats doivent se partager le reste, quelle sera la part de chaque soldat?

616. Un particulier a dépensé 5694 fr. 86 en 5 ans, combien a-t-il dépensé par heure?

617. On veut partager 180 fr. 75 entre 57 personnes; les 27 1res prennent chacune 1 fr. 75, et les autres se partagent le reste, combien auront-elles?

618. On a payé 972 fr. pour faire vitrer 54 croisées de chacune 24 carreaux; à combien revient le carreau?

3***

619. On a acheté 44 m. 75 de drap pour 264 fr. 44; 56 m. de velours pour 212 fr. 24; 72 mèt. 75 de toile pour 180 fr. 58; 60 m. de calicot pour 52 fr. 154, à combien revient le mètre de chaque espèce, et quel est le prix moyen du mètre pour ces différentes sortes de marchandises?

620. Un épicier qui a reçu 154 kilog de sucre pour 160 fr. 10 désire gagner 17 fr., combien doit-il vendre le kilog.?

621. Combien doit coûter la feuille de papier lorsque la rame vaut 17 fr. 50?

622. Quel doit être le prix d'une feuille de papier lorsque 6 fr. 44 trois quarts sont le prix de 8 mains et demie?

623. Combien doit-on payer pour 15 feuilles et demie de papier lorsque la rame vaut 35 fr.?

624. De quel nombre faut-il ôter 44 pour que le reste soit 0,95?

625. Je dois recevoir 6700 fr. en 3 paiements; le 1er sera de 1709 fr. 25; le 2e de 5468 fr., quel sera le montant du 3e?

626. Avec 400 fr. de plus que j'ai, je pourrais payer 850 fr. 75 que je dois, et il me resterait 67 fr., quelle somme ai-je à ma disposition?

627. Un de mes amis m'ayant prêté 350 fr., j'ai payé les 600 fr. que je devais, et il me reste 34 fr. 50 c., combien avais-je avant d'emprunter?

628. Sur une pièce de 5 fr., un écolier a acheté pour 3 fr. 40 de livres, pour 30 cent de papier, pour 15 cent. de plumes et pour un décime d'encre, combien lui reste-t-il d'argent?

629. Je devais à un particulier 4657 fr.; je lui donne d'abord 3498 fr. 55, ensuite 930 fr. 8; il me fait une remise de 17 fr. 95, combien lui dois-je encore?

630. On a un total montant à 35600 fr.; il est formé de 5 nombres, le 1er est 8657 fr. 375, le 2e 17856 fr. 25, quel est le 3e?

631. Je devais 4500 fr., que me reste-t-il à payer si je donne 3 billets, l'un de 875 fr. 75, le 2e de 796 fr. 595, et le 3e de 719 fr.?

632. Un apprenti devait à son maître 6 fr. 50; mais comme il n'avait que 2 fr. 75, il emprunta 3 fr. 15 à un de ses amis, et un autre paya le reste, combien ce dernier donna-t-il,

633. Un particulier veut partager 4590 fr. 75 en 3 parts, de manière que la 2e soit de 150 fr. 6 moins que la 1re, qui doit être de 1850 fr, quel sera le montant de la 3e part?

634. Un homme en mourant laissa une succession de 150000 fr.; il donna 7500 fr. à l'église, 8000 fr. aux pauvres, 598 fr. 72 à son filleul; et ses héritiers, au nombre de 18, eurent le reste, combien reçurent-ils chacun?

635. Je dois payer 4 sommes; la 1re est 258 fr. 75; la 2e égale la 1re moins 19 fr. 85; la 3e égale la 2e plus 5 fr. 50; et la 4e égale les deux 1res, combien dois-je payer en tout?

636. On a acheté 4 pièces de drap; la 1re contient 58 m. 65; la 2e autant que la 1re plus 17 m. 375; la 3e autant que la 2e moins 8 m. 35; et la 4e autant que les trois 1res, combien doit-on payer le tout, à raison de 25 fr. 35 le mètre?

637. Un particulier a acheté deux voitures de chacune 3400 briques, à raison de 15 fr 50 le mille; il a payé 15 cent. du cent pour le transport, combien a-t-il déboursé en tout?

638. 400 personnes ont à se partager une somme de 26300 fr. 75; les 25 premières prennent ensemble 5300 fr.; les autres se partagent le reste, dire la part des unes et des autres.

639. Combien y a-t-il de secondes en 36 ans 21 jours 19 heures et 55 minutes?

640. Combien s'est-il écoulé de minutes depuis le 1er janvier 1798 jusqu'au 15 février 1849?

641. Lorsque 8 canifs coûtent 2 fr 80, que paiera-t-on pour 15 douzaines?

642. Ayant acheté cent cinq mille bouteilles, on se propose de les revendre à 25 fr. 12 le cent : quel sera le gain, sachant que les frais d'achat et de transport se montent à 25800 fr?

643. Un ouvrier qui gagne 4 fr. 50 par jour ne dépense que 2 fr. 95 : combien lui restera-t-il après 27 jours et un quart de travail?

644. Combien doit-on payer à 135 ouvriers qui ont travaillé pendant 15 jours et demi, à raison de 6 fr. 45 c. pour chacun des 48 premiers, et de 5 fr. 3 pour les autres?

645. Dans un atelier composé de 38 ouvriers, 8 gagnent

chacun 6 fr. 5 c. par jour; 15 autres reçoivent chacun 7 fr. 35, et les autres chacun 5 fr. : quelle somme faudra-t-il pour solder leur compte d'une année, sachant qu'ils n'ont pas travaillé les 52 dimanches ni les 8 principales fêtes ?

646. Un bureau de bienfaisance partage entre ses pauvres 387 fr. 85 c., chacun d'eux reçoit 25 c. et il reste 10 c. : dire le nombre de partageants.

647. Un jardinier conduisant une voiture de pommes qui contenait 14 paniers de chacun 15 douzaines, en perdit 8 douzaines et donna 60 pommes à des enfants : on demande, primo ce qui lui restait de pommes, secundo ce qu'il reçut en les vendant 4 fr. 50 du cent, tertio ce qu'il aurait reçu s'il les avait toutes vendues, et quarto pour quelle somme il en perdit.

648. On veut partager mille fr. entre 57 personnes, de manière que les 17 premières aient chacune 38 fr. 50 ; combien les autres auront-elles ?

649. Un coquetier, conduisant une voiture chargée de 6 paniers qui renfermaient chacun 20 douzaines d'œufs, s'aperçut, en arrivant au marché, qu'il y avait 15 œufs de cassés dans chaque panier ; il vendit les autres à raison de 5 cent. et demi, on demande primo ce qu'il reçut, secundo ce qu'il aurait reçu s'il ne lui était pas arrivé d'accident, et tertio le montant de sa perte.

650. Un maître de pension ayant acheté 50 rames de papier pour 700 fr., demande ce que lui coûte, primo la main, secundo la feuille.

651. Un rentier a 26280 fr. de revenu annuel ; combien a-t-il à dépenser par minute ?

652. Un écrivain ayant copié un livre, a reçu pour salaire 356 fr., à raison de 0 fr. 0012 par lettre, on demande combien ce livre contenait de pages, sachant que chacune était de 20 lignes et chaque ligne de 40 lettres.

653. On reçoit un bateau chargé de 80 pièces de vin contenant chacune 120 litres ; chaque pièce coûte 50 fr. d'achat, 6 fr. de transport, 30 fr. d'entrée, 8 fr. de commission et 1 fr. 75 d'encavage : si l'on vend le litre de ce vin 0 fr. 95, quel sera le bénéfice total?

654. Un marchand a acheté 18 pièces de vin contenant chacune 235 lit., à raison de 130 fr. 75 la pièce, combien gagnera-t-il sur ce marché, s'il vend le litre 8 décimes, sachant qu'il y a 6 litres de lie dans chaque pièce?

655. 5 pièces de vin contenant ensemble 1200 lit. ont coûté 375 fr. de principal; chaque pièce coûte en outre 37 fr. d'entrée, 6 fr. de port, 4 fr. de congé, et 1 fr. 35 de soutirage, combien faut-il vendre la totalité pour gagner 13 cent. par litre?

656. Un marchand qui devait 1500 fr. a donné en paiement 69 mèt. de toile à 3 fr., 48 mèt. de drap à 8 fr. 60, et 135 mèt. de calic t à 2 fr., combien doit-il encore?

657. Dans un atelier composé de 40 ouvriers, 15 sont payés à chacun 5 fr. 25 par jour, 18 à 6 fr., et les autres à 8 fr., quel sera le profit annuel de l'entrepreneur si ses ouvriers, qui ne travaillent pas les 52 dimanches et les 8 principales fêtes, lui font pour 88300 fr. d'ouvrage, et s'il dépense en outre 2340 fr. en frais de loyer et d'entretien?

658. Un marchand faïencier a fait venir huit cents assiettes à 15 fr. le cent, combien doit-il vendre chaque assiette pour gagner 16 fr. en tout, supposé qu'il s'en soit cassé 30 en route, et qu'il ait fait pour 10 fr. 30 de dépenses?

659. Un détaillant a acheté 4 pièces de vin contenant 240 litres chacune; il a payé 500 fr. d'achat, 35 fr. de transport, 240 f. d'entrée, 15 fr. de commission; il se trouve 5 lit. de lie dans chaque pièce, combien ce marchand doit-il vendre le litre de vin pour gagner 150 fr. sur les 4 pièces?

660. Un marchand de vin en a acheté 2 pièces contenant chacune 240 lit. : la 1re coûte 132 fr. et la 2e 84 : s'il mêlait ce vin et qu'il voulût gagner 60 fr., combien devrait-il vendre le litre, sachant qu'il a fait pour 12 fr. de petits frais?

661. Combien aura-t-on de mèt. de toile pour le prix de 45 mèt. 75 de drap à 8 fr. 60 cent. le mèt., si la toile coûte 3 fr.?

662. On a acheté 2 pièces de vin : la première contient 320 lit. et coûte 176 fr.; la 2e contient 140 lit., à raison de 56 cent. le litre, laquelle est la plus chère, et de combien par litre?

663. Pour 9 ballots de 12 pièces contenant chacune 36 mouchoirs, on a payé 9840 fr., 150 fr. pour le transport, 64 fr. de droit, 16 fr. d'emballage, quel sera le bénéfice si l'on vend ces mouchoirs 3 fr. 30 la pièce?

664. 450 hommes ont travaillé à la construction d'une église pendant 4 ans, excepté les 52 dimanches et les 8 principales fêtes de chaque année; ils gagnaient journellement chacun 2 fr. 75 l'un portant l'autre, combien cette église a-t-elle coûté, si les frais de main-d'œuvre ne sont que le cinquième de la dépense totale?

665. 40 hommes ont entrepris la construction d'un bâtiment dont la main-d'œuvre est estimée 114678 fr.; les 17 premiers gagnent chacun 45 fr. par mois; les 12 suivants reçoivent chacun 9 fr. 10 par semaine; les autres sont payés à 1 fr. 30 par jour, en combien de temps auront-ils absorbé la somme?

666. On veut partager 612 fr. entre 35 personnes de manière que les 12 premières aient chacune 3 fr. 25 de plus que les autres, quelle sera la part de chaque personne?

667. On avait destiné 5700 fr. pour une entreprise; chaque jour les dépenses étaient de 312 fr , et les recettes de 236 fr.; combien de temps l'essai a-t-il duré?

668. Pour payer deux pièces de toile de chacune 76 m. à 2 fr. 50 le mèt, on a donné deux sacs contenant chacun un nombre égal de pièces de 50 cent., combien chaque sac en contenait-il?

669. Lorsque le sucre se vend 2 fr. 50 le kilog., le café 5 fr. et le chocolat 3 fr. 50, combien aurait-on de kilog. de ces marchandises pour 135 fr., si l'on en veut autant de l'une que de l'autre?

670. La somme de deux nombres est 459, leur différence est 89, quels sont ces deux nombres?

671. On a payé 2040 fr. pour la vitrerie d'une maison à raison de 1 fr 36 par carreau : combien y a-t-il de croisées, et combien de carreaux en tout, sachant que chaque croisée en a 10?

672. Un principal locataire paie 3336 fr. d'une maison, on demande quel est son bénéfice annuel, sachant que 20 sous-locataires lui donnent chacun 80 fr. 50 par trimestre.

673. Un particulier veut partager 4590 fr. en trois parts, de manière que la deuxième soit de 150 fr. moins que la première, qui doit être 1850 fr., quelle sera la troisième ?

674. Deux négociants font un échange ; le premier donne au second 1525 lit. de vin à 85 cent. ; celui-ci lui rend 540 lit. de liqueurs. Le premier redoit au second 37 fr. 55, à combien lui revient le lit. de liqueur ?

SECONDE PARTIE.

SYSTÈME MÉTRIQUE.

66. Le système des poids et mesures adoptés en France est appelé MÉTRIQUE, parce que le mètre en est la base.

67. Les sous-multiples et les multiples de chaque unité se rattachent au système *décimal;* chaque unité en vaut 10 d'un ordre inférieur, et est elle-même le dixième d'une unité supérieure.

68. On se sert de quatre mots tirés du grec pour exprimer les multiples, et de trois mots tirés du latin pour exprimer les sous-multiples (1); ce sont :

---

(1) S'il m'était permis de donner un conseil aux maîtres, je les engagerais d'insister sur ces dénominations, parce qu'elles sont la clef du système métrique. Voici, à ce sujet, la méthode que je suis toujours avec succès : je commence par faire répéter successivement à tous les élèves qui doivent apprendre le système métrique les mots MYRIA, KILO, HECTO, DÉCA, *unité,* DÉCI, CENTI, MILLI, qu'ils expriment d'abord dans l'ordre indiqué, ensuite en commençant par le plus petit sous-multiple; puis enfin par les deux manières successives. Après avoir renouvelé cet exercice pendant plusieurs jours, les enfants énoncent la valeur de chaque dénomination, en disant : MYRIA, *dix mille;* KILO, *mille,* etc. Enfin, quelques jours après, je leur

Multiples.	MYRIA, qui signifie *dix-mille* 10000				UNITÉS PRINCIPALES.	MÈTRE.
	KILO, —— *mille*	1000				ARE.
	HECTO, —— *cent*	100				LITRE.
	DÉCA, —— *dix,*	10				STÈRE.
	Unités de chaque espèce de Mesure.					GRAMME.
Sous-Multiples.	DÉCI, qui signifie *dixième,*	0,1				FRANC.
	CENTI, —— *centième,*	0,01				
	MILLI, —— *millième,*	0,001				

69. Ces *sept* mots, combinés avec ceux des *six* unités principales, forment toute la nomenclature des mesures métriques, qui renferme *treize* mots seulement. Ainsi :

Un MYRIAMÈTRE	représente	DIX MILLE *mètres* ;
Un KILOGRAMME	——	MILLE *grammes* ;
Un HECTOLITRE	——	CENT *litres* ;
Un DÉCASTÈRE	——	DIX *stères* ;
Un DÉCILITRE	——	un DIXIÈME de *litre* ;
Un CENTIARE	——	un CENTIÈME d'*are* ;
Un MILLIMÈTRE	——	un MILLIÈME de *mètre*.

fais ajouter à chaque multiple ou sous-multiple le nom d'une unité de mesure métrique. Ainsi, par exemple, ils disent : MYRIAMÈTRE, *dix mille* mètres ; KILOMÈTRE, *mille* mètres, etc. Ces trois exercices successifs, qui prennent peu de temps, ont lieu à la fin de chaque classe, et ne durent guère moins de quinze jours, après lesquels les élèves passent facilement aux exercices ci-après.

3

Exercices sur les Multiples et les Sous-Multiples.

(Énoncer les nombres suivants, en donnant à chaque chiffre la valeur absolue combinée avec le Multiple ou le Sous-Multiple qu'il représente.)

NOMBRES ABSTRAITS.									NOMBRES CONCRETS.								
	MYRIA ou dix-mille.	Kilo ou mille.	Hecto ou cent.	Deca ou dix.	Unité.	Déci ou dixième.	Centi ou centième.	Milli ou millième.									
									691	2	3	4	5	6	mèt.	7 8 9
									692	3	4	5	6	7	mèt.	8 9 1
									693		5	6	7	8	lit.	9 2
									694		6	7	8	9	lit.	1 2
									695		6	7	8	9 1	gr.	2 3 4
									696		7	8	9	1 2	gr.	3 4 5
									697		9	1	2	5	lit.	4 5
									698		9	1	2	3	mèt.	5 6 7
675	1	1	1	1	1	1	1	1	699	8	7	6	5	4	gr.	5 3 4
676	2	2	2	2	2	2	2	2	700		8	7	6	5	lit.	4 3
677	3	3	3	3	3	3	3	3	701	7	6	5	4	3	gr.	2 1 2
678	4	4	4	4	4	4	4	4	702	6	5	4	3	2	mèt.	1 0 1
679	5	5	5	5	5	5	5	5	703		4	3	2	1	lit.	0 1
680	6	6	6	6	6	6	6	6	704	4	3	2	1	0	mèt.	1 2 3
681	7	7	7	7	7	7	7	7	705	3	2	8	0	1	gr.	2 7 5
682	8	8	8	8	8	8	8	8	706		7	0	9	0	lit.	0 8
683	9	9	9	9	9	9	9	9	707	9	0	7	0	6	gr.	0 5
684	1	2	3	4	5	6	7	8	708	7	0	0	8	0	mèt.	9 0 7
685	2	3	4	5	6	7	8	9	709					7	fr.	5 6
686	3	4	5	6	7	8	9	1	710				8	5	st.	7
687	4	5	6	7	8	9	1	2	711			8	0	6	a.	0 8
688	5	6	7	8	9	1	2	3	712				9	0	st.	6
689	6	7	8	9	1	2	3	4								
690	7	8	9	1	2	3	4	5								

Deux MYRIA *ou vingt mille, deux* KILO *ou deux mille, deux* HECTO, *ou deux cents, etc.*

Deux MYRIAMÈTRES *ou vingt mille* MÈTRES, *trois* KILOMÈTRES *ou trois mille* MÈTRES, *etc.*

Si le maître le juge à propos, il pourra ensuite faire successivement énoncer ces nombres par les trois manières indiquées au n° 31.

Autres exercices sur les Multiples et les Sous-Multiples.

713. Combien y a-t-il de *mètres*, primo dans 45 décam., secundo dans 18 myriam., tertio dans 15 hectom., quarto dans 75 décim., quinto dans 75 kilom. ?

714. Combien y a-t-il d'*ares*, primo dans 58 hecta., secundo dans 545 centia., tertio dans 185 hecta. ?

715. Combien y a-t-il de *litres*, primo dans 15 hectol., secundo dans 45 décal., tertio dans 18 kilol., quarto dans 55 décil., quinto dans 18 hectol., sexto dans 456 centil. ?

716. Combien y a-t-il de *grammes*, primo dans 48 décag., secundo dans 19 kilog., tertio dans 17 myriag., quarto dans 45 décig., quinto dans 17 hectog. ?

717. Ramenez à l'unité principale chacun des multiples suivants : primo 63 kilol., secundo 137 hectog., tertio 56 hectom., quarto 37 décag., quinto 78 hecta., sexto 18 décast., septimo 19 kilol.

718. Combien y a-t-il de *décalitres*, primo dans 12 hectol., secundo dans 158 lit., tertio dans 1 kilol., quarto dans 137 kilol., quinto dans 795 décil. ?

719. Combien y a-t-il de *kilogrammes*, primo dans 1 myriag., secundo dans 75 myriag., tertio dans 92 hectog., quarto dans 5320 décag. ?

720. Réduisez en *décistères* chacun des nombres suivants : primo 18 décast., secundo 45 st., tertio 75 dixièmes de décist.

721. Réduisez en *centimètres* chacun des nombres suivants : primo 47 mèt., secundo 18 décam., tertio 1 hectom., quarto 1 kilom., quinto 1 myriam., sexto 8 hectom., septimo 3 myriam., octavo 35 millim.

722. Réduisez en *décagrammes* chacun des nombres suivants : primo 45 gr., secundo 75 hectog., tertio 378 décig., quarto 49 kilog., quinto 3785 centig., sexto 11 myriag.

723. Réduisez en *hectolitres* chacun des nombres suivants : primo 75 décal., secundo 19 kilol., tertio 119 lit., quarto 45 décal. et demi, quinto 1893 décil.

724. Réduisez en *hectomètres* chacun des nombres suivants : primo 413 mèt., secundo 5832 décim., tertio 119 décam., quarto 83 kilom., quinto 14 myriam.

725. Réduisez en *kilogrammes* chacun des nombres suivants :

primo 8735 gram., secundo 18 myriag., tertio 5000 décag., quarto 532 hectog., quinto 19 hectog. 5.

726. Réduisez en fraction décimale de *myriamètre* chacun des nombres suivants : primo 18 hectom., secundo 198 mèt., tertio 5 kilom. et demi, quarto un demi-hectom.

727. Réduisez en fraction décimale d'*hectolitre* chacun des nombres suivants : primo 45 lit., secundo 8 décilit., tertio 135 centil., quarto 8 décal. et demi ; quinto un demi-hectol.

728. Réduisez en fraction décimale de *kilog.* chacun des nombres suivants : primo 18 décag., secundo 25 gr., tertio 5 décig., quarto un demi-hectog., quinto 5 gr. et demi.

729. Réduisez en fraction décimale de *franc* chacun des nombres suivants : primo un demi-fr., secundo 7 cent. et demi, tertio un demi-cent.

730. Réduisez en fraction décimale de *kilomètre* chacun des nombres suivants : primo 35 mèt., secundo 75 décam., tertio 8 décim., quarto 35 centim., quinto 7 millim.

731. Réduisez en fraction décimale d'*hectare* chacun des nombres suivants : primo 5 ares, secundo 35 centia., tertio un demi-hecta. ; quarto 18 ares et demi.

Nombres à additionner.

752. Primo 2 hectog. 3 gr. 8 centig.; secundo 75 gr. 8 millig.; tertio 4 kilog. 8 décag.; quarto 17 hectog. 37 millig.

733. Primo 7 décam. 35 centim.; secundo 85 kilom. 9 hectom. 8 décim.; tertio 18 hectom. 35 m. 48 millim.

734. Primo 9 hectol. 8 lit. 5 centil.; secundo 7 kilol. 5 décal. 18 centil.; tertio 759 lit. 35 centil.; quarto 355 centil.

735. Primo 15 kilom. 7 décam.; secundo 4 myriam. 9 hectom. et demi; tertio 379 mèt. 5 centim.; quarto 19 décam. 35 millim.

736. Primo 9 décal. et 6 lit.; secundo 45 kilol. 25 décal.; tertio 27 hectol. 8 décil.; quarto 56 lit. et demi; quinto 29 centil.

737. Primo 15 kilol. 45 décal. 18 centil.; secundo 375 décal.; tertio 48 lit. et demi; quarto 17 hectol. 5 centil.

758. Primo 45 gr.; secundo 85 hectog.; tertio 57 décig.; quarto 53 hectog. 5 gr. 18 millig.; quinto 18 myriag.; sexto 195 décag.

759. Primo 7 millièmes de kilom.; secundo 18 centièmes de décam ; tertio 18 millièmes de myriam.; quarto 37 décam, 7 centim.

Problèmes sur les Multiples et les Sous-Multiples.

740. Un magasin contenait 1854 décal. 5 décil. de grain ; on en a distribué en 4 différentes fois, primo 75 hectol., secundo 8 hectol. 4 lit., tertio 48 décil., quarto 17 décal. 35 centil.: combien doit-il en rester?

741. J'ai acheté 45 kilog. de marchandises pour 5560 fr.; on m'en livre seulement 1896 décag. pour 1853 fr. : combien dois-je encore en recevoir d'hectog., et pour quelle somme ?

742. Un marchand ayant reçu 175 kilog. 7 gr. de marchandises, en a cédé à un ami 96 hectog. 5 décig.: combien doit-il recevoir s'il vend le reste à 5 cent. le décag. ?

743. Un voyageur ayant à parcourir 795 kilom., a déjà parcouru 59 myriam. 5 hectom.: combien devrait-il recevoir pour ce qui lui reste à parcourir, s'il était payé à 5 cent. par hectom. ?

744. Combien doit-on payer pour 53 sacs contenant chacun 15 décal. et demi de blé, à 15 fr. 25 l'hectol. ?

745. Combien y a-t-il de décag. de farine dans 28 sacs pesant chacun 65 kilog. 8 gr. ?

746. Un marchand de vin en reçoit 4 pièces de chacune 25 décal. 9 centil., combien doit-il payer si le lit. coûte 35 cent. ?

747. J'ai acheté 78 hectol. 9 lit. de grain à 1 fr. 35 le décal., combien dois-je revendre la totalité pour gagner 7 cent. et demi sur chaque lit. ?

748. J'ai reçu de mon boucher 195 kilog. de viande, et 4 gigots pesant chacun 57 hectog. 8 gr.; le tout à 1 fr. 10 le kilog., combien dois-je lui payer ?

749. Combien pourra-t-on mettre de kilog. de poudre dans 125 barils, si chacun doit en contenir 357 hectog. 5 décig. ?

750. Combien mettra-t-on de lit. de blé dans 30 sacs, sachant qu'un seul peut en contenir 15 décal. 25 centil. ?

751. On a acheté 115 hectol. 8 lit. de vin à 2 fr. 50 le décal.; on le revend 4 décimes le litre: combien gagnera-t-on, sachant qu'il y a un demi-décal. de lie sur chaque hectol. ?

752. Un épicier a acheté 4 kilol. 5 décal. d'huile à 0 fr. 75

le lit. 66 kilog. 5 gr. de sucre à 17 cent. et demi l'hectog., 15 kilog. de poivre à 2 cent. et demi le décig.; il a revendu l'huile à 9 décimes le lit., le sucre à 95 cent. le demi-kilog., le poivre à 0 fr. 40 le gr.: combien a-t-il gagné?

753. Quelqu'un a acheté une certaine marchandise pesant 48 kilog. 5 décag. pour 120 fr. 125, combien gagnera-t-il s'il revend l'hectog. 25 cent.?

754. Sur une propriété de 12 hectares, on a fait un jardin de 1 hecta. 8 a., un parterre de 18 a. 5 centia., la maison occupe une superficie de 5 a.; quelle est la grandeur du verger que contient le reste?

MESURES MÉTRIQUES EN PARTICULIER.

MESURES LINÉAIRES OU DE LONGUEUR.

Mètre.

70. On appelle mesures de *longueur* celles dont on se sert pour mesurer l'étendue considérée comme ligne, telles que la longueur d'une route, d'une allée, la taille d'un homme, la longueur d'une pièce d'étoffe, la largeur d'un chemin, la hauteur d'une maison, l'épaisseur d'un mur, d'une planche, etc.

71. Lorsque les mesures de longueur servent à évaluer les distances géographiques, comme celle entre deux villes, entre deux pays, etc., elles prennent le nom de mesures *itinéraires*.

72. L'unité des mesures de *longueur* est le MÈTRE, mesure qui égale la *dix-millionième* partie du quart du méridien terrestre.

La valeur des multiples et des sous-multiples du mètre étant connue, nous nous dispenserons d'en parler ici.

73. Le MÈTRE est employé, ainsi que ses sous-multiples, pour mesurer les petites distances, les étoffes, les ouvrages de menuiserie, de maçonnerie, etc. Les ouvriers s'en servent pour prendre leurs mesures. Dans tous ces cas, on exprime les multiples par dizaines, par centaines, etc.

Ainsi, par exemple, on dit *dix mètres*, *cent mètres*, *mille mètres*, et non un *décamètre*, un *hectomètre*, un *kilomètre*.

74. L'expression *décamètre* n'est guère usitée que dans l'arpentage.

75. Les multiples *hectomètre*, *kilomètre* et *myriamètre*, ne sont employés que comme mesures *itinéraires*, c'est-à-dire pour désigner les distances d'un lieu à l'autre.

Mesures effectives de longueur (1)

76. Les mesures *effectives* de longueur autorisées sont :

Primo le DOUBLE DÉCAMÈTRE, mesure de 20 mètres ;

Secundo le DÉCAMÈTRE (chaîne ordinaire d'arpenteur), mesure de 10 mètres ;

Tertio le DEMI-DÉCAMÈTRE, mesure de 5 mètres ;

Quarto le DOUBLE MÈTRE, mesure de 2 mètres ;

Quinto le MÈTRE ;

Sexto le DEMI-MÈTRE, mesure de 5 décimètres ou 50 centimètres ;

Septimo le DOUBLE DÉCIMÈTRE, mesure de 2 décim. ou 20 centimètres ;

Octavo le DÉCIMÈTRE, dixième partie du mètre ou 10 centimètres.

---

(1) On appelle mesure *réelle* ou *effective* celle qui existe réellement, et, au contraire, mesure de *compte* ou *imaginaire* celle qui n'existe que dans la pensée.

Ces mesures peuvent être établies dans la forme qui convient le mieux aux usages auxquels on les destine.

MESURES DE SURFACE OU DE SUPERFICIE

Mètre carré.

77. On appelle mesures de *superficie* celles dont on se sert pour évaluer l'étendue considérée sous les deux dimensions, *longueur* et *largeur*.

78. On les divise en trois classes, savoir :

1º Les mesures de *superficie* proprement dites ;

2º Les mesures *topographiques* ;

3º Les mesures *agraires*.

79. L'unité des mesures de *superficie* est le MÈTRE CARRÉ, c'est-à-dire un carré dont les côtés ont un mètre de longueur (1).

80. Les multiples du mètre carré sont :

Le *décamètre carré*, l'*hectomètre carré*, le *kilomètre carré*, et le *myriamètre carré*. Ces trois derniers multiples ne s'emploient que comme mesures TOPOGRAPHIQUES, c'est-à-dire pour évaluer de grandes surfaces, comme l'étendue d'un État, d'un département, etc.

81. Le DÉCAMÈTRE CARRÉ, qui est l'unité des mesures AGRAIRES, est un carré dont chaque côté a 10 mètres de longueur, et qui con-

[1] Voir la définition du carré, nº 159.

tient, par conséquent, 100 mètres de superficie (1).

82. L'HECTOMÈTRE CARRÉ est un carré dont chaque côté a 100 mètres de longueur, et qui contient, par conséquent, 10 000 mètres de superficie.

83. Le KILOMÈTRE CARRÉ est un carré dont chaque côté a 1 000 mètres de longueur, et qui contient, par conséquent, 1 000 000 de mètres de superficie.

84. Le MYRIAMÈTRE CARRÉ est un grand carré dont chaque côté a 10 000 mètres de longueur, et qui contient, par conséquent, 100 000 000 de mètres de superficie.

85. Les sous-multiples du mètre carré sont :

Le *décimètre carré*, le *centimètre carré* et le *millimètre carré*.

86. Le DÉCIMÈTRE CARRÉ est un carré dont chaque côté a un *décimètre* de longueur. Il y en a 100 dans le mètre carré.

87. Le CENTIMÈTRE CARRÉ est un carré dont chaque côté a un *centimètre* de longueur. Il y en a 100 dans le décimètre carré, et, par conséquent, 10 000 dans le mètre carré.

88. Le MILLIMÈTRE CARRÉ est un carré dont chaque côté a un *millimètre* de longueur. Il y

---

[1] Le maître démontrera à ses élèves que, dans les mesures de superficie, chaque multiple ou chaque sous-multiple vaut 100 unités du multiple ou sous-multiple de l'ordre immédiatement inférieur.

en a 100 dans le centimètre carré, et, par conséquent, 10 000 dans le décimètre carré, et 1 000 000 dans le mètre carré.

89. Il ne faut pas confondre :

Primo le *décimètre carré* avec le *dixième* du mètre carré : le premier est contenu *cent* fois dans le mètre carré, et le second n'y est contenu que *dix* fois ; de sorte que le *dixième* du mètre carré égale *dix* décimètres carrés ;

Secundo le *centimètre carré* avec le *centième* du mètre carré : le premier est contenu *dix mille* fois dans le mètre carré, et le second n'y est contenu que *cent* fois ; de sorte que le *centième* du mètre carré égale *cent* centimètres carrés. — Le *centième* du mètre carré est donc la même chose que le *décimètre carré* ;

Tertio le *millimètre carré* avec le *millième* du mètre carré : le premier est contenu un *million* de fois dans le mètre carré, et le second n'y est contenu que *mille* fois ; de sorte que le *millième* du mètre carré égale *mille* millimètres carrés ;

Quarto les expressions 10 m. car., 100 m. car., etc., avec celles de 10 m. *en* carré, 100 m. *en* carré, etc. : les premières expriment des surfaces qui égalent 10 fois, 100 fois, etc., le mètre carré ; les secondes, des carrés qui ont 10 m. ou 100 m. de côtés, et par conséquent 100 m. car. ou 10000 m. car.

90. Puisque le mètre car. égale 100 décim. car., le décim. car. 100 centim. car., le centim. car. 100 millim. car., on peut avoir à exprimer jusqu'à 99 décim. car., 99 centim. car., 99 millim. car., et, par conséquent, dans le calcul, il faut toujours, après les m. car., mettre *deux* chiffres pour représenter les *décim. car.*, *deux* chiffres pour représenter les *centim. car.*, *deux* chiffres pour représenter les *millim. car.*

91. Le premier chiffre décimal à la suite des mètres carrés représente donc les *dizaines* de décim. car, et le second les *unités*. Le troisième chiffre représente les *dizaines* de centim. car., et le quatrième les unités ; ainsi des autres.

Si l'on avait, par exemple, 8 m. carr. 3215, on exprimerait 8 m. car. 32 décim. 15 centim , ou bien en une seule expression, 8 m car. 3215 cent.

92. Si le nombre des décimales qui suivent les mètres carrés n'était pas pair, on écrirait un zéro à sa droite, de manière qu'il pût toujours être divisé en tranches de deux chiffres.

Si donc on avait le nombre 15 m. car. 4, il faudrait dire 15 m. car. 40 décim., puisque le 4 étant placé immédiatement à la droite des unités, occupe le rang des *dizaines* de décim. car.

Par une raison analogue, le nombre 7 m. car. 875 s'exprimera 7 m. car. 8750 centim. car.

93. Si le nombre à représenter ne contenait que des décimales, on écrirait 0 à la place des unités, et l'on donnerait aux chiffres décimaux le rang qu'ils doivent avoir.

Soit à représenter , primo 5 décim. car. : on écrira 0 m. car. 05 ; secundo 8 centim. car. : on écrira 0 m. car. 0008.

94. Tout ce que nous venons de dire pour les *sous-multiples* du mèt. car. s'applique également à ses *multiples*. Ainsi, après les myriamètres carrés, on peut avoir à exprimer jusqu'à 99 kilom. car., 99 hectom. car., 99 dé-

cam. car., et, par conséquent, si l'on prend pour unité le myriam. car. ou le kilom. car., il faut toujours deux chiffres pour représenter chaque ordre de multiple inférieur à celui qu'on a pris pour unité.

95. Le *mètre carré*, qui est d'un fréquent usage, sert à évaluer toutes les surfaces relatives aux travaux de menuiserie, de maçonnerie, de peinture, etc.

L'expression *décamètre carré* est peu usitée ; on dit ordinairement 100 m. car.

Le *décim. car.*, le *centim. car.* et le *millim. car.* servent à évaluer les parties du *mètre carré*. On les prend aussi pour unités lorsqu'il s'agit d'évaluer les surfaces de petites dimensions, comme celle d'une feuille de verre, de papier, de carton, etc. : alors les chiffres décimaux qui accompagnent ces mesures, prises pour unités, en représentent les *dixièmes*, les *centièmes*, etc.

Pour évaluer les dimensions des surfaces, on emploie les mesures linéaires *effectives* dont nous avons parlé au n° 76.

Exercices sur les mesures de Superficie.

Nombres à lire en indiquant la valeur des décimales.

755. Primo 7 m. car. 35 ; secundo 18 m. car. 07 ; tertio 43 m. car. 9; quarto 36 m. car. 05.

756. Primo 53 m. car. 3854; secundo 13 m. car. 0075; tertio 79 m. car. 0008; quarto 94 m. car. 736.

757. Primo 13 m. car. 563475; secundo 17 m. car. 000045; tertio 11 m. car. 38007; quarto 12 m. car. 00785.

758. Primo 719 m. car. 37777; secundo 0 m. car. 195; tertio 91 m. car. 01596; quarto 0 m. car. 00055.

759. Primo 0 m. car. 4; secundo 97 m. car. 014; tertio 0 m. car. 000005; quarto 0 m. car. 5; quinto 17 m. car. 019.

760. Primo 6 myriam. car. 45; secundo 18 myriam. car. 5;

tertio 11 myriam. car. 1556 ; quarto 12 myriam. car. 4 ; quinto 1 m. car. 375 ; sexto 19 myriam. car. 009 ; septimo 7 myriam. car. 581.

761. Primo 2 kilom. car. 56 ; secundo 5 kilom. car. 08 ; tertio 15 kilom car. 7 ; quarto 14 kilom. car. 3675 ; quinto 18 kilom. car. 563 ; sexto 9 kilom. car. 009 ; septimo 1 kilom. car. 175.

762. Primo 17 m. car. 125 ; secundo 8 myriam. car. 7'; tertio 16 hectom. car. 6 ; quarto 93 kilom. car. 111 ; quinto 77 m. car. 7 ; sexto 1 myriam. car. 00005 ; septimo 9 hectom. car. 9.

Nombres à additionner.

763. Primo 8 m. car. 6 décim., secundo 72 m. car. 45 centim., tertio 29 m. car. 8 centim, quarto 5 m. car. 175 millim., quinto 179 m. car. 6 millim.

764. Primo 17 m. car. 5796 millim., secundo 497 décim. car., tertio 877 centim. car., quarto 99 millim. car., quinto 794 millim. car., sexto 19 m. car. 7 cent.

765. Primo 8 myriam. car. 7 kilom., secundo 14 myriam. car. 9 kilom. 18 hectom., tertio 76 kilom. car. 18 décam , quarto 9 hectom. car. 8 décam , quinto 178 kilom. car. 5 hectom.

766. Primo 49 myriam. car. 6 kilom., secundo 309 kilom. car. 9 décam., tertio 174 hectom. car., quarto 396 décam. car., quinto 8014 hectom. car 7 décam.

767. Primo 195 décam. car. 7 m , secundo 392 m car. 8 millim., tertio 4 myriam. car. 8 m., quarto 108 décim. car., quinto 19 kilom. car. 496 décam.

Questions à résoudre.

768. Combien y a-t-il de *mètres carrés* dans chacun des nombres suivants :

Primo 100 décim. car., secundo 796 décim. car., tertio 10 000 centim. car., quarto 91 375 centim. car., quinto 1 000 000 de millim. car., sexto 78 635 495 millim. car. ?

769. Combien y a-t-il de décim. car. dans chacun des nombres suivants :

Primo 1 m. car., secundo 74 m. car., tertio 100 centim. car., quarto 7 396 centim. car., quinto 10 000 millim. car., sexto 126 473 millim. car. ?

770. Combien y a-t-il de centim. car. dans chacun des nombres suivants :

Primo 1 m. car.; secundo 36 m. car., tertio 1 décim. car., quarto 796 décim. car., quinto 100 millim. car., sexto 174 839 millim. car. ?

771. Combien y a-t-il de millim. car. dans chacun des nombres suivants :

Primo 1 m. car., secundo 15 m. car., tertio 1 décim. car., quarto 179 décim. car., quinto 1 centim. car., sexto 8 759 centim. car. ?

772. Combien y a-t-il de décam. car. dans chacun des nombres suivants :

Primo 100 m. car., secundo 78 436 m. car., tertio 10 000 décim. car., quarto 895 672 décim. car., quinto 74 hectom. car. ?

773. Combien y a-t-il d'hectom. car. dans chacun des nombres suivants :

Primo 100 décam. car., secundo 8 793 décam. car., tertio 10 000 m. car., quarto 172 395 m. car., quinto 1 kilom. car., sexto 136 kilom. car., septimo 1 myriam. car., octavo 96 myriam. car. ?

774. Combien y a-t-il de kilom. car. dans chacun des nombres suivants :

Primo 100 hectom. car., secundo 7 856 hectom. car., tertio 10 000 décam. car., quarto 8 796 572 décam. car., quinto 1 myriam. car., sexto 178 myriam. car. ?

775. Combien y a-t-il de myriam. car. dans chacun des nombres suivants :

Primo 100 kilom. car., secundo 872 kilom. car., tertio 10 000 hectom. car., quarto 878 675 hectom. car. ?

776. Combien y a-t-il de m. car. dans chacun des nombres suivants :

Primo 396 décim. car., secundo 48 décam. car., tertio 56 492 centim. car., quarto 196 hectom. car. ?

777. Combien y a-t-il de décim. car. dans chacun des nombres suivants :

Primo 489 378 centim. car., secundo 175 m. car., tertio 48 décam. car , quarto 879 493 675 millim. car. ?

Problèmes sur les mesures de Superficie.

778. Quelle est la différence entre les deux superficies suivantes : primo 46 m car. 9 centim. et secundo 5 décam. car. 8 décim.?

779. Combien doit-on payer pour 58 m. car. 9 décim. de peinture à 3 fr. 50 du m. car. ?

780 On a payé 500 fr. 2 pour la couverture en ardoise de 125 m. car. 5 décim. : à combien revient le mètre carré ?

781. Une glace a 68 décim. car. de superficie, et un tableau 9 centim. car.: combien le tableau est-il plus petit que la glace ?

782. Combien y a-t-il de décam. car. dans 375 superficies de chacune 38 m. car. 5 centim.?

783. Le produit de deux nombres est 23 m. car. 46 cent.; l'un de ces nombres est 5 m. car. 75: quel est l'autre ?

784 Quand la superficie de 13 communes donne 211 kilom. car. 25 hectom., quelle est la superficie d'une seule?

785. Lorsque 15 cantons ont 29 myriam. car. 25 de superficie, quelle est celle d'un seul canton?

786. On a carrelé 25 appartements de chacun 36 m. car. 423 à 18 fr. 70 du m. car.: combien doit-on recevoir?

787. 462 rideaux de même grandeur contiennent ensemble 5545 m. car. 848 : combien chaque rideau en contient-il ?

788. On demande la superficie de 4 communes dont la 1re a 18 kilom. car. 35 décam.,la 2e 16 kilom car. 8 hectom., la 3e 13 kilom. car. 8 décam., et la 4e 19 kilom. car. 796.

789 Lorsqu'une glace de 35 décim. car. 5 centim. coûte 10 fr. 51 cent. et demi, quel est le prix du m. car. ?

790. Un appartement de 25 m. car. 35 centim. a été pavé à 1 fr. 75 du m. car. : combien a-t-on payé ?

791. Un appartement qui contient 25 places de chacune 15 m. car. 998 de superficie, doit être pavé avec des marbres de 9 décim. et demi de superficie , combien en faudra-t-il, et combien devra-t-on payer à l'ouvrier s'il prend 2 fr. 20 du m. carré?

MESURES AGRAIRES.

Are.

96. On appelle mesures *agraires* celles qui servent à évaluer la superficie des propriétés foncières, comme celle des champs, des bois, des prés, etc.

97. L'unité des mesures agraires est le *décamètre carré*, qui, dans ce cas, se nomme ARE.

98. Comme nous l'avons vu, l'ARE est un carré dont chaque côté a *dix* mètres de longueur, et qui égale *cent* mètres carrés.

99. L'ARE n'a qu'un multiple, qui est l'HECTARE (1), mesure de cent *ares*, et qui vaut, par conséquent, 10 000 mètres carrés : il a donc la même superficie que l'*hectomètre carré*.

100. Les *hectares* se comptent par *dizaines*, par *centaines*, par *mille*, etc. : ainsi on dit *dix* hectares, *cent* hectares, *mille* hectares.

101. L'ARE n'a également qu'un sous-multiple, qui est le CENTIARE, mesure égale à la *centième* partie de l'are : c'est donc un *mètre carré*.

102. Puisqu'il faut 100 centiares pour égaler un *are*, et 100 ares pour égaler un *hectare*, il s'ensuit que dans le calcul on peut avoir à

[1] La combinaison donne *hectoare*, mais pour éviter l'hiatus, on supprime la lettre *o* dans *hecto*.

exprimer jusqu'à 99 ares 99 centiares. Il faut donc deux chiffres pour représenter les *ares*, et deux pour représenter les *centiares*.

Si, par exemple, on avait le nombre 15 hecta. 8635, on l'exprimerait 15 hectares 86 ares 35 centiares.

Si quelque ordre d'unité n'était pas exprimé, on le remplacerait par un ou plusieurs 0.

Ainsi huit hectares quatre centiares s'écriront de cette manière : 8 hecta. 00 a. 04 centia.

103. Pour évaluer les côtés des mesures agraires, on emploie ordinairement le *décamètre* et le *double décamètre* (n° 76 1°).

Exercices sur les mesures Agraires.

Nombres à lire en indiquant la valeur des décimales.

792. Primo 8 hecta. 55 ; secundo 19 hecta. 6 ; tertio 195 hecta. 06 ; quarto 13 hecta. 2347 ; quinto 72 hecta. 0925.

793. Primo 503 hecta. 0008 ; secundo 16 hecta. 019 ; tertio 11 hecta. 505 ; quarto 17 hecta. 088 ; quinto 1 hecta. 427.

794. Primo 15 a. 07 ; secundo 14 a. 5 ; tertio 5001 hecta. 0005 ; quarto 0 hecta. 070 ; quinto 0 hecta. 00700.

Nombres à additionner.

795. Primo 102 hecta. 15 a. ; secundo 195 hecta. 8 centia. ; tertio 178 a. ; quarto 9 hecta. 19 centia.

796. Primo 15 hecta. 7 a. 8 centia. ; secundo 19 centia. ; tertio 896 a. ; quarto 7 hecta. 8 a.

797. Primo 108 hecta. 11 centia. ; secundo 103 a. ; tertio 6 hecta. 6 a. 6 centia.

798. Primo 1004 hecta. 12 centia.; secundo 3 a. et demi; tertio 17 hecta. et demi.

Questions à résoudre.

799. Combien y a-t-il d'ares dans chacun des nombres suivants :

Primo 1 hecta., secundo 796 hecta., tertio 100 centia., quarto 776 centia., quinto 1200 hecta.?

800. Combien y a-t-il d'hectares dans chacun des nombres suivants :

Primo 100 ares, secundo 726 a., tertio 10 000 centia., quarto 135 274 centia., quinto 536 495 a.?

801. Combien y a-t-il de centiares dans chacun des nombres suivants :

Primo 1 hecta., secundo 48 hecta., tertio 1 a., quarto 135 a., quinto 476 hecta.?

802. Combien y a-t-il d'ares dans chacun des nombres suivants :

Primo 1 décam. car., secundo 135 décam. car., tertio 1 hectom. car., quarto 96 hectom. car., quinto 1 kilom. car., sexto 36 kilom. car., septimo 1 myriam. car., octavo 72 myriam. car., nono 374 m. car.?

803. Combien y a-t-il de centiares dans chacun des nombres suivants :

Primo 1 m. car., secundo 193 décim. car., tertio 77 m. car., quarto 1 décam. car., quinto 138 décam. car.?

804. Combien y a-t-il d'hectares dans chacun des nombres suivants :

Primo 1 hectom car., secundo 1 kilom. car., tertio 1 myriam car., quarto 500 décam. car., quinto 17 myriam. car.?

805. Combien y a-t-il d'ares dans chacun des nombres suivants :

Primo 9476 m. car., secundo 94 hecta., tertio 78 hectom. car., quarto 175 centia., quinto 18 kilom. car.?

806. Combien y a-t-il d'hectares dans chacun des nombres suivants :

Primo 7 myriam. car. 8, secundo 14 kilom. car. 196, tertio 172 hectom. car. 074, quarto 19 myriam. car. 15678?

Problèmes sur les mesures Agraires.

807. Une propriété qui contient 738 hecta. 9 centia. renferme un pré de 156 hecta. 7 a. et un jardin de 73 a. 6 centia., combien reste-t-il de terre labourable?

808. Une forêt est divisée en 27 coupes de chacune 9 hecta. 35 a. 8 centia., quelle en est la superficie, primo en hecta., secundo en décam. car., tertio en kilom car.?

809. 8 personnes se sont partagé une propriété de 47 hecta. 25 a. : dire, à moins d'un centiare près, la part de chacune.

810. On veut faire défricher un terrain de 195 hecta. 3 : combien de temps ce travail durera-t-il, si l'on en défriche 4 hecta. 65 a. par jour?

811. 52 ouvriers ont entrepris d'abattre 124 hecta. 8 de bois taillis, quelle doit être la tâche de chacun?

812. Les héritiers d'une succession, au nombre de 25, ont chacun 45 hecta. 7 centia. de terre labourable, quelle est la superficie totale de la succession, primo en hecta., secundo en kilom. car.?

813. On a acheté une propriété contenant 17 kilom. car. 125, à raison de 45 fr. 5 cent. l'are, combien doit-on payer?

814. L'hectare valant trois mille sept fr., combien paiera-t-on pour un terrain contenant 18 myriam. car. 5 hectom.?

815. 15 centia. de terrain ont été cédés pour la somme de 5 fr. 72, quel serait le prix de l'hectare?

816. Un fermier qui avait à ensemencer 5 hecta. de terre, en a déjà ensemencé 95 a. 5 centia., combien lui en reste-t-il encore?

MESURES DE VOLUME OU DE SOLIDITÉ.

Mètre cube.

104. On appelle mesures de *solidité* celles dont on se sert pour mesurer l'étendue con-

sidérée sous les trois dimensions, longueur, largeur et hauteur.

105. L'unité des mesures de solidité est le MÈTRE CUBE, c'est-à-dire un cube qui a un mètre de longueur, un mètre de largeur et un mètre de hauteur ou profondeur (1).

106. Le *mètre cube* n'a pas de multiple ; on dit dix mètres cubes, cent mètres cubes, mille mètres cubes, et non *décamètre cube*, *hecto-mètre cube*, *kilomètre cube*. Ces expressions, d'ailleurs, n'auraient pas la même significa-tion que les premières.

107. Les sous-multiples du mètre cube sont le *décimètre cube*, le *centimètre cube* et le *millimètre cube*.

108. Le DÉCIMÈTRE CUBE est un cube d'un *décimètre* de côté. Il y en a 1 000 dans le mètre cube (2).

109. Le CENTIMÈTRE CUBE est un cube d'un *centimètre* de côté. Il y en a 1 000 dans le *déci-mètre cube*, et par conséquent 1 000 000 dans le *mètre cube*.

110. Le MILLIMÈTRE CUBE est un cube d'un *millimètre* de côté. Il y en a 1 000 dans le *cen-timètre cube*, 1 000 000 dans le *décimètre cube*, et par conséquent 1 000 000 000 dans le *mètre cube*.

---

[1] Voir la définition du cube, n° 190.

[2] Le maître démontrera à ses élèves que, dans les mesures de solidité, les sous-multiples sont de *mille* en *mille* fois plus petits.

111. Il ne faut pas confondre :

Primo le *décimètre cube* avec le *dixième* du mètre cube : le premier est contenu *mille* fois dans le m. cube, et le second n'y est contenu que *dix* fois ; de sorte qu'un *dixième* de m. cube égale *cent* décim. cubes ;

Secundo le *centim. cube* avec le *centième* du m. cube : le premier est contenu un *million* de fois dans le m. cube, tandis que le second n'y est contenu que *cent* fois ; de sorte qu'un *centième* de m. cube égale *dix mille* centim. cubes ;

Tertio le *millim. cube* avec le *millième* du m. cube : le premier est contenu un *billion* de fois dans le m. cube, tandis que le deuxième n'y est contenu que *mille* fois ; de sorte qu'un *millième* de m. cube égale un *million* de millim. cubes.

112. Puisque le m. cube égale 1000 décim. cubes, le décim. cube 1000 centim. cubes, et le centim. cube 1000 millim. cubes, on peut avoir à exprimer jusqu'à 999 décim. cubes 999 centim. cubes 999 millim. cubes ; dans le calcul, il faut donc *trois* chiffres pour représenter les *décim. cubes*, *trois* chiffres pour représenter les *centim. cubes*, *trois* chiffres pour représenter les *millim. cubes*.

Ainsi, par exemple, le nombre 8 m. cubes 325487 s'exprimera 8 m. cubes 325 décim. 487 centim. ; ou bien 8 m. cubes 325487 centimètres.

113. Il faut donc, pour exprimer les décimales qui accompagnent les mètres cubes, les diviser, au moins par la pensée, en tranches de *trois* chiffres, et pour cet effet mettre un ou deux 0 à leur droite, s'il est nécessaire.

Soit par exemple, le nombre 18 m. cubes 2456 que l'on exprimera 18 m. cubes 245 décim. 600 centim.

Si le nombre à représenter ne contenait

point de mètres cubes, on écrirait 0 aux unités, et les décimales comme il vient d'être dit.

Ainsi, par exemple, le nombre 18 centim. cubes s'écrira 0 m. cub. 000018.

114. Le *mètre cube* sert à évaluer les travaux de maçonnerie et de terrassements, les bois de construction, les blocs de pierre et de marbre, les pierres qui servent à bâtir, les sables, etc.

Le *décim. cub.*, le *centim. cub.* et le *millim. cub.* servent à évaluer les parties du m. cube. On les prend aussi pour unités lorsqu'il s'agit d'évaluer les solides de petites dimensions; alors les chiffres décimaux qui accompagnent ces mesures prises pour unités en expriment les *dixièmes*, les *centièmes*, les *millièmes*, etc.

Exercices sur les mesures de Solidité.

Nombres à lire en indiquant la valeur des décimales.

817. Primo 7 m. cub. 255; secundo 15 m. cub. 26; tertio 176 m. cub. 5; quarto 17 m. cub. 191879; quinto 19 m. cub. 23547; sexto 796 m. cub. 4567; septimo 1 m. cub. 123456789; octavo 12 m. cub. 98765432; nono 71 m. cub. 3456789.

818. Primo 15 m. cub. 0050006; secundo 14 m. cub. 0700809; tertio 0 m. cub. 006007008; quarto 15 m. cub. 00001234.

819. Primo 58 décim. cub. 543217; secundo 17 décim. cub. 05678; tertio 87 centim. cub. 1345; quarto 7 décim. cub. 0056.

Nombres à additionner.

820. Primo 7 m. cub. 345 décim.; secundo 56 m. cub. 19 décim.; tertio 196 m. cub. 6 décim.; quarto 3847 m. cub. 17 décim.

821. Primo 79 m. cub. 8 décim. 315 centim.; secundo 2876

m. cub. 17 centim. ; tertio 191 m. cub. 86 décim. 9 centim.

822 Primo 70 m cub. 7 décim. 8 centim. 345 millim. ; secundo 894 m. cub. 76 centim. 97 millim. ; tertio 5 m. cub. 6 décim. 7 centim. 8 millim. ; quarto 7891 m. cub. 71 cent. 100 millim.

823. Primo 13 m. cub. 137 centim. ; secundo 76 décim. cub. ; tertio 158 centim. cub. ; quarto 9 décim. cub. 35 millim.

824. Primo 29 m. cub. 75 millim.; secundo 17 décim. cub. 5546; tertio 18 centim. cub. 7696; quarto 7836 centim. cub.

Questions à résoudre.

825. Combien y a-t-il de m. cub. dans chacun des nombres suivants :

Primo 1 000 décim. cub , secundo 36 475 décim. cub.; tertio 1 000 000 de centim. cub., quarto 586 396 172 centim, cub. ?

826. Combien y a-t-il de décim. cub. dans chacun des nombres suivants :

Primo 1 m. cub., secundo 591 m. cub., tertio 1000 centim. cub., quarto 5 271 centim. cub., quinto 1 000 000 millim. cub.; sexto 76 375 492 millim. cub. ?

827. Combien y a-t-il de centim. cub dans chacun des nombres suivants :

Primo 1 m. cub., secundo 45 m. cub., tertio 1 décim. cub., quarto 375 décim. cub., quinto 1000 millim. cub., sexto 795000 millim. cub. ?

828. Combien y a-t-il de millim. cub. dans chacun des nombres suivants :

Primo 1 m. cub., secundo 173 m. cub., tertio 1 décim. cub., quarto 49 décim. cub., quinto 1 centim. cub., sexto 5845 centim. cub.?

829. Combien y a-t-il de centim. cub. dans chacun des nombres suivants :

Primo 96 m. cub. 375, secundo 15 m. cub. 74, tertio 11 m. cub. 9, quarto 5378 décim. cub., quinto 1 demi-mètre cube?

830. Combien y a-t-il de décim. cub. dans chacun des nombres suivants :

Primo 548 m. cub. 47, secundo 96 m. cub. 08, tertio 56399 centim. cub., quarto la moitié d'un mètre cube ?

Problèmes sur les mesures de Solidité.

831. Quatre blocs de pierre sont à vendre : le 1er contient 5 m. cub. 375 , le 2e 3 m. cub. 18 décim., le 3e 6 m. cub. 5 décim. ; et le 4e 95 décim. cub. de moins que le 3e : combien paiera-t-on pour le tout à raison de 50 fr. le m. cub. ?

832. On demande le total en m. cub. de 3 tables de marbre dont la 1re contient 75496 décim. cub., la 2e 75 centim. cub. de moins que la 1re, et la 3e 49 décim. cub. de moins que la 2e.

833. Supposé que dans la construction d'un édifice il soit entré 7394 pierres de taille de 375 décim. cub. l'une portant l'autre, combien devrait-on payer si le prix du mèt. cub. était 70 fr. ?

834. Un mur de 96 m. cub. 05 est construit en briques de 2 décim. cub. 260, y compris les joints : combien y est-il entré de briques ?

835. Il est entré 74699 pierres dans la construction d'un mur de 5527 m. cub. 726 ; combien doit-on payer pour chaque pierre, si on les achète au prix de 3 cent. le décim. cub. ?

836. Lorsque 7 m. cub. 5 décim. de maçonnerie coûtent 440 fr. 10 , quel est le prix primo du m. cub. ; secundo du décim. cub. ?

837. Un entrepreneur qui devait faire un ouvrage de 135 m. cub. 35 décim., n'en a fait que 96 m. 7435 centim. : combien recevra-t-il en moins, si le prix du mèt. cube est 10 fr. 25 ?

838. Combien faudra-t-il de temps pour enlever un amas de terre contenant 5000 m. cub. 9 décim., si l'on en charie chaque jour 25 m. cub. 75 centim. ?

839. Quel est le nombre qui deviendrait 5 m. cub. si on l'augmentait de 75 décim. cub., après l'avoir diminué de 9 centim. cub. ?

840. Quel est le nombre qui deviendrait 3 m. cub. si on le diminuait de 8 décim. cub., après l'avoir augmenté de 1195 centim. cub.?

841. Combien pourra-t-on placer de boîtes dans une caisse dont la capacité égale 1 m. cub. 28, si le volume de chacune est 16 décim. cub.?

MESURES POUR LE BOIS DE CHAUFFAGE.

Stère.

115. L'unité des mesures pour le bois de chauffage est le *mètre cube*, qui, dans ce cas, prend le nom de STÈRE.

116. Le STÈRE n'a qu'un multiple, qui est le DÉCASTÈRE, mesure de *dix* stères.

117. Pour les autres évaluations, on compte le stère avec les nombres ordinaires. Ainsi on dit 40 stères, 100 stères, etc.; on dit même 10 stères préférablement à un *décastère*.

118. Le *stère* n'a également qu'un sous-multiple, qui est le DÉCISTÈRE, mesure égale à un *dixième* de stère.

119. Nous avons dit (n° 112) que les unités de *décim. cub.* ne se placent qu'au troisième rang, parce qu'elles ne sont que des *millièmes* du mètre cube; mais les *décistères* étant la même chose que les *dixièmes* de stère, se placent immédiatement à la droite des unités.

Ainsi, par exemple, le nombre 18 stères 5 s'exprime 18 stères 5 décistères.

Mesures effectives pour le bois de chauffage.

120. Les mesures *effectives* pour le bois de chauffage sont au nombre de trois, savoir :

5**

Primo le DEMI-DÉCASTÈRE, mesure de 5 stères ;
Secundo le DOUBLE STÈRE, mesure de 2 stères ;
Tertio le STÈRE, mesure d'un mètre cube.

Exercices sur les mesures employées pour le Bois de Chauffage.

Nombres à lire en indiquant la valeur des décimales.

842. Primo 128 st. 3, secundo 378 st. 7, tertio 594 décast. 35, quarto 0 st. 9, quinto 0 décast. 35, sexto 795 décast. 5.

Nombres à additionner.

843. Primo 12 st. 8 décist., secundo 109 st. 7 décist., tertio 15 décast. 5 décist.; quarto 796 st.

844. Primo un demi-décast., secundo 777 st., tertio 0 décast. 35, quarto 9 décist., quinto 16 décast. et demi.

Questions à résoudre.

845. Combien y a-t-il de stères dans chacun des nombres suivants :

Primo 48 décast., secundo 10 décist., tertio 75 décist., quarto 978 décast. ?

846. Combien y a-t-il de décastères dans chacun des nombres suivants :

Primo 10 st., secundo 758 st., tertio 100 décist., quarto 9438 décist. ?

847. Combien y a-t-il de décistères dans chacun des nombres suivants :

Primo 1 st., secundo 176 st., tertio 1 décast., quarto 78 décast. ?

Problèmes sur les mêmes mesures.

848. Un établissement a fait provision de bois à brûler

comme il suit : chène 25 décast., hêtre 36 st. 8 décist., bouleau 175 st., combien doit-il payer, le prix du st. étant 15 fr 70 ?

849. Dans un chantier, il y avait 145 décast. de bois de chauffage, et il n'en reste plus que 59 st. 7 décist. : pour quelle somme en a-t-on vendu, si le prix du st. était 16 fr. 25; pour combien en reste-t-il ?

850 On a distribué 92 st. 5 de bois de chauffage entre 28 familles, quelle est la part de chacune ?

851. On a acheté 57 décast. 8 décist de bois de chauffage à 15 fr. 6 le st. ; on a tout revendu à 165 fr. le décast., combien a-t-on gagné ?

852. On se propose de distribuer un demi-décast. de bois de chauffage entre 50 personnes, quelle sera la part de chacune ?

MESURES DE CAPACITÉ.

Litre.

121. Les mesures de *capacité* sont celles qui servent à mesurer les liquides, comme l'eau, le vin, le cidre, la bière. etc.; et les matières sèches, comme le blé, l'avoine, les haricots, etc.

122. L'unité principale des mesures de capacité est le LITRE : c'est un vase dont la contenance égale un *décimètre cube* (n° 108).

123. Les multiples du litre sont :

1° Le KILOLITRE, qui égale 1000 litres ;
2° L'HECTOLITRE, — 100 litres ;
3° Le DÉCALITRE, — 10 litres.

124. Les sous multiples du litre sont :

1° Le DÉCILITRE, qui égale la *dixième* partie du litre;
2° Le CENTILITRE, — la *centième* partie du litre.

Les expresssions *myrialitre* et *millilitre* ne sont pas usitées.

125. Si, dans le calcul, on prend l'*hectolitre* pour unité, le premier chiffre décimal exprime des *décalitres*, le second des *litres*, etc.; puisque l'*hectolitre* vaut 10 *décalitres* et le *décalitre* 10 *litres*.

126. Si on prend le *décal.* pour unité, le 1er chiffre décimal exprime des *litres*, le 2e des *décil.*, etc.

127. Si enfin on prend le *lit.* pour unité, le 1er chiffre décimal représente des *décil.*, le 2e des *centil.*, etc.

Ainsi les nombres suivants :

Primo 35 hectol. 7 s'exprime 35 hectol. 7 décalitres.
Secundo 26 hectol. 75 — 26 hectol. 75 litres.
Tertio 7 decal. 5 — 7 décal. 5 litres.
Quarto 17 lit. 6 — 17 lit. 6 décilitres.
Quinto 3 lit 25 — 3 lit. 25 centilitres.

Mesures effectives de capacité.

128. Voici la nomenclature des mesures *effectives* de capacité :

Primo HECTOLITRE, *demi-hectolitre.*
Secundo *double décalitre,* DÉCALITRE, *demi-décalitre.*
Tertio *double litre,* LITRE, *demi-litre.*
Quarto *double décilitre,* DÉCILITRE, *demi-décilitre.*
Quinto *double centilitre,* CENTILITRE.

Exercices sur les mesures de Capacité.

Nombres à lire en indiquant la valeur des décimales.

855. Primo 7 hectol. 4, secundo 15 hectol. 35, tertio

487 hectol. 08, quarto 59 hectol. 295, quinto 1 hectol. 1325.

854. Primo 5 décal. 7, secundo 36 décal. 45, tertio 195 décal. 345, quarto 1 décal. 05. quinto 17 décal. 008.

855. Primo 7 lit. 5, secundo 13 lit 95, tertio 0 hectol. 05, quarto 19 décal. 95, quinto 106 hectol. 0009.

Nombres à additionner.

856. Primo 13 hectol. 5 centil., secundo 8 décal. 7 décil., tertio 478 lit. 5 centil., quarto 195 hectol. 7 décil.

857. Primo 35 décal., secundo 798 hectol. 5 lit., tertio 103 lit., quarto 19 décal 8 centil., quinto 108 lit. 7 décil.

858. Primo 129 lit. 8 centil , secundo 19 décal. 5 décil., tertio 14 hectol. 8 lit. 8 centil., quarto 195 lit.

859. Primo 1000 hectol. 35 décil., secundo 15 décal. 16 centil., tertio 30 hectol. 7 décil., quarto 48 décal. 7 centil.

860. Primo 135 décal et demi, secundo 975 lit. et demi, tertio un demi-hectol., quarto un demi décal., quinto 17 lit. et demi.

Questions à résoudre.

861. Combien y a-t-il de litres dans chacun des nombres suivants :
Primo 1 hectol., secundo 275 hectol , tertio 1 décal., quarto 118 décal., quinto 10 décil., sexto 1836 décil., septimo 100 centil., octavo 17495 centil. ?

862. Combien y a-t-il de décalit. dans chacun des nombres suivants :
Primo 1 hectol., secundo 19 hectol., tertio 1 kilol., quarto 118 kilol., quinto 10 lit., sexto 195 lit., septimo 100 décil., octavo 18000 décil. ?

863. Combien y a-t-il d'hectol. dans chacun des nombre suivants :
Primo 1 kilol., secundo 178 kilol., tertio 10 décal., quarto 175 décal., quinto 100 lit., sexto 1735 lit., septimo 1000 décil., octavo 15735 décil. ?

3***

864. Combien y a-t-il de kilolit. dans chacun des nombres suivants :

Primo 10 hectol., secundo 1836 hectol., tertio 100 décal., quarto 1997 décal., quinto 1000 lit., sexto 196378 lit. ?

865. Combien y a-t-il de décil. dans chacun des nombres suivants :

Primo 1 lit., secundo 45 lit., tertio 1 décal., quarto 18 décal., quinto 1 hectol., sexto 471 hectol., septimo 1 kilol., octavo 13 kilol., nono 10 centil., décimo 75 centil.

866. Combien y a-t-il de centil. dans chacun des nombres suivants :

Primo 1 décil., secundo 15 décil., tertio 1 lit., quarto 135 lit., quinto 1 décal., sexto 125 décal., septimo 1 hectol., octavo 19 hectol., nono 1 kilol. ?

867. Combien y a-t-il de décil. dans chacun des nombres suivants :

Primo 8 hectol. et demi, secundo un demi-décal., tertio 17 lit. et demi., quarto 13 décal. 35 centil., quinto un double décal. ?

868 Combien y a-t-il de décal. dans chacun des nombres suivants :

Primo 8 kilol. 175 lit., secundo 7 hectol. et demi, tertio 17 doubles décal., quarto un demi-hectol., quinto 95 lit. et demi ?

Problèmes sur les mesures de Capacité.

869 Combien doit-on payer pour 58 pièces de vin contenant chacune 17 décal. 8 décil, à raison de 15 fr. 5 le décal. ?

870. Un porte-faix chargé de transporter 18 hectol. 85 lit. de grain, en porte 14 décal. et demi à chaque voyage, combien fera-t-il de voyages ?

871. 51 hectol. 18 lit. de vin sont à partager entre 85 personnes, les 36 premières en prennent 8 décil. et demi chacune, et les autres se partagent le reste, quelle sera leur part ?

872 Un cultivateur a fait trois livraisons d'avoine comme il suit : la première est de 135 hectol. 8 lit., la seconde de 153 hectol. et demi, et la troisième de 95 décal. et demi, combien doit-il recevoir si le prix est de 5 fr. 5 cent. l'hectol. ?

873. Il y avait 7700 hectol. et demi de blé dans un magasin, et il n'en reste plus que 94 décal. et demi, pour quelle somme en a-t-on vendu, si le prix de l'hectol. était 13 f. 25 ?

874. Combien paiera-t-on pour 36 flacons contenant chacun 3 décil. et demi, à raison de 50 centimes le litre ?

875. Combien paiera-t-on pour un décil. et demi d'une certaine liqueur qui vaut 3 fr. le décal. ?

876. Une bouteille de vin contenant 22 centil. et demi doit être partagée entre 15 personnes, quelle sera la part de chacune?

877. Quel est le nombre qui deviendrait 5 décil. si on l'augmentait de 35 centil. ?

MESURES DE POIDS.

Gramme.

129. On appelle mesures de *poids*, ou simplement *poids*, les mesures dont on se sert pour peser.

130. L'unité principale des mesures de poids est le GRAMME : c'est le poids d'un centimètre cube d'eau (1).

131. Les multiples du *gramme* sont :

1º Le MYRIAGRAMME, qui égale 10000 grammes;
2º Le KILOGRAMME, — 1000 grammes;
3º L'HECTOGRAMME, — 100 grammes;
4º Le DÉCAGRAMME, — 10 grammes.

132. Les sous-multiples du *gramme* sont :

1º Le DÉCIGRAMME, qui égale la 10e partie du gramme.
2º Le CENTIGRAMME, — 100e partie du gramme;
3º LE MILLIGRAMME, — 1000e partie du gramme.

---

(1) L'eau dont il est ici question est l'*eau distillée*, prise à la température du maximum de densité et pesée dans le vide.

133. L'expression MYRIAGRAMME est ordinairement remplacée par celle de *dix kilogrammes*.

134. Le *quintal métrique* pèse 100 kilog., et le *tonneau de mer* en pèse 1000.

135. Le *kilogramme*, étant un poids commode pour les pesées, est devenu l'unité usuelle des mesures de poids; et, dans le commerce ordinaire, on compte par KILOGRAMMES, dont les dixièmes sont des *hectogrammes*, les centièmes des *décagrammes*, et les millièmes des *grammes*.

136. Dans le calcul, le premier chiffre à droite des *kilogrammes* représente des *hectog.*, le deuxième des *décag.*, le troisième des *grammes*, etc.

Ainsi, par exemple, les nombres suivants

Primo	7 kilog. 8	s'expriment	7 kilog. 8 hectogr.
Secundo	25 kilog. 35	—	25 kilog. 35 décag.
Tertio	156 kilog. 175	—	156 kilog. 175 gram.

137. Cependant, dans l'évaluation des choses précieuses, on prend le *gramme* pour unité; ses décimales sont *décigramme, centigramme* et *milligramme*.

Mesures effectives de poids.

Voici la série des poids autorisés :

Primo 50 *kilog.*, 20 *kilog.*, 10 *kilog.*, 5 *kilog.*;

Secundo *double kilogramme*, KILOGRAMME, *demi-kilogramme*;

Tertio *double hectogramme*, HECTOGRAMME, *demi-hectogramme*;

Quarto *double décagramme*, DÉCAGRAMME, *demi-décagramme*;

Quinto *double gramme*, GRAMME, *demi-gramme*;
Sexto *double décigramme*, DÉCIGRAMME, *demi-décigramme*;
Septimo *double centigramme*, CENTIGRAMME, *demi-centi-gramme*;
Octavo *double milligramme*, MILLIGRAMME.

138. La série des poids pour le commerce ordinaire finit au *gramme*; les autres ne s'emploient que pour les choses précieuses, comme les matières d'or et d'argent, les perles, les diamants, etc.; on les emploie aussi dans la pharmacie, en chimie et dans les recherches de physique.

139. On divise les poids en trois classes :

Primo les poids de 50 kilog. et au dessous, jusques et y compris le kilog., sont appelés *gros poids*;

Secundo les poids au dessous du kilog., y compris le gramme, sont appelés *poids moyens*;

Tertio enfin, les poids inférieurs au gramme sont appelés *petits poids*.

Exercices sur les mesures de Poids.

Nombres à lire en indiquant la valeur des décimales.

878. Primo 35 kilog. 8, secundo 75 kilog. 35, tertio 18 kilog. 145, quarto 5 kilog. 005, quinto 7 myriag. 8, sexto 18 myriag. 34, septimo 4 myriag. 248, octavo 15 myriag. 2475.

879. Primo 16 gr. 5, secundo 18 gr. 17, tertio 7 gr. 175, quarto 28 hectog. 17, quinto 7 décag. 15, sexto 11 hectog. 1455, septimo 195 kilog. 0075, octavo 13 décag. 0045.

Nombres à additionner.

880. Primo 20 kilog. 40 gr., secundo 13 kilog. 11 décig., tertio 15 décag. 8 millig., quarto 16 myriag. 105 gr., quinto 9 hectogr. 11 décig.

881. Primo 50 gr. 16 millig., secundo 7 hectog. 6 gr.,

tertio 15 décag. 16 centig.; quarto 19 myriag. 11 décag.; quinto 12 décag. 13 centig.

Questions à résoudre.

882. Combien y a-t-il de grammes dans chacun des nombres suivants :

Primo 1 kilog., secundo 175 kilog., tertio 1 hectog., quarto 17 hectog., quinto 1 décag., sexto 16 décag., septimo 10 décig., octavo 175 décig., nono 100 centig., décimo 735 centig., undécimo 1000 millig., duodécimo 118413 millig. ?

883. Combien y a-t-il de kilog. dans chacun des nombres suivants :

Primo 10 hectog., secundo 175 hectog., tertio 100 décag., quarto 750 décag., quinto 1000 gr., sexto 75416 gr., septimo 1000 décig., octavo 91372 décigr., nono 10000 centig., décimo 135194 centig. ?

884. Combien y a-t-il de décag. dans chacun des nombres suivants :

Primo 1 kilog., secundo 47 kilog., tertio 1 hectog., quarto 17 hectog., quinto 10 gr., sexto 172 gr., septimo 100 décig., octavo 7375 décig., nono 1000 centig., décimo 171771 centig. ?

885. Combien y a-t-il de décig. dans chacun des nombres suivants :

Primo 1 kilog., secundo 14 kilog., tertio 1 hectog., quarto 18 hectog., quinto 1 décag., sexto 17 décag., septimo 1 gr., octavo 175 gr., nono 175 centig. ?

886. Combien y a-t-il de centig. dans chacun des nombres suivants :

Primo 1 kilog., secundo 17 kilog., tertio 1 hectog. quarto 19 hectog., quinto 1 décag., sexto 11 décag., septimo 1 gr., octavo 13 gr. ?

887. Combien y a-t-il de décag. dans chacun des poids suivants :

Primo un double kilog., secundo un demi-kilog., tertio un double hectog., quarto un demi-hectog., quinto 7 doubles décag., sexto 3 doubles kilog., septimo 13 hectog. et demi, octavo 3 demi-kilog. ?

Problèmes sur les mesures de Poids.

888. Quel est le poids , primo d'un centim. cub. d'eau, secundo de 375 centim. cub., tertio de 1 m. cub., quarto de 15 m. cub., quinto de 100 millim. cub., sexto de 7835 millim. cub., septimo de 4 décim. cub., octavo de 135 décim. cub , nono de 48 m. cub. 175 décim. ?

889. On a acheté 180 caisses de marchandises ; les 95 premières pèsent chacune 35 kilog. 5 décag., les 75 suivantes 197 hectog. 8 gr., et chacune des autres 79 décag.; on a payé le tout à raison de 3 fr. 75 le kilog. : combien a-t-on déboursé ?

890. Quel est le nombre qui deviendrait 8 kilog. si on l'augmentait de 75 décig. après l'avoir diminué de 7 gr. ?

891. Quel est le nombre qui deviendrait 15 hectog. si on le diminuait de 175 millig. après l'avoir augmenté de 15 gr. ?

892. Quel est le poids de 7 m. cub. 175 millim. d'eau distillée et ramenée à son maximum de densité ?

893. Quel est le poids de 15 m. cub. 8 décim. 9 centim. 7 millim. d'eau distillée, etc. ?

894. Combien faut-il ajouter à 18 centig. pour obtenir un hectog. ?

895. Quelle est la pesanteur totale de toute la série des poids autorisés ?

896. Quel est le volume d'eau nécessaire pour égaler le poids, primo de tous les multiples du gr., secundo de tous ses sous-multiples ?

897 Quel est le poids, primo d'un litre d'eau distillée, etc., secundo d'un décal., tertio d'un hectol., quarto d'un kilol., quinto d'un décil., sexto d'un centil., septimo de 15 décal., octavo de 18 hectol., nono de 35 décil. ?

998. Quel est le poids , primo de 18 kilol. d'eau distillée, etc., secundo de 16 hectol. 8 lit., tertio de 9 décal. 81 centil., quarto de 7 kilol. 8 décal. 9 centil., quinto de 17 hectol. 8 lit. et demi ?

MESURES MONÉTAIRES.

Franc.

140. On appelle mesures *monétaires*, ou simplement *monnaies*, celles qui servent à évaluer le prix des choses.

141. L'unité *monétaire* est le FRANC : c'est une pièce de monnaie du poids de *cinq grammes*, contenant *neuf dixièmes* d'argent pur et *un dixième* de cuivre.

142. Le FRANC n'a pas de multiples : on dit donc *dix* francs, *cent* francs, etc., et non un *décafranc*, un *hectofranc*, etc.

143. Le FRANC se divise en *dixièmes, centièmes* et *millièmes* ; mais au lieu de dire *décifranc, centifranc*, on dit *décime, centime*, et au lieu de dire *millifranc*, on dit *millième*.

Monnaies effectives.

144. On compte, en France, *dix* pièces différentes de monnaie, savoir : 2 en or, 5 en argent et 3 en cuivre.

Monnaies d'or.

145. Les 2 pièces de monnaie d'or sont :
1° La pièce de 40 fr., qui pèse 12 gr. 9032;
2° La pièce de 20 fr., qui pèse 6 gr. 4516.

146. Comme il serait impossible d'obtenir rigoureusement ce poids, la loi tolère 2 *millièmes* d'erreur, soit en plus, soit en moins, sur le véritable poids.

Monnaies d'argent.

147. Les 5 pièces de monnaie d'argent sont :

1° La pièce de 5 fr., qui pèse 25 grammes ;
2° La pièce de 2 fr., qui pèse 10 grammes ;
3° La pièce de 1 fr., qui pèse 5 grammes ;
4° La pièce de 50 cent., qui pèse 2 gr. 50 ;
5° La pièce de 25 cent., qui pèse 1 gr. 25.

148. La loi tolère de petites erreurs sur le poids de ces pièces, pourvu que ces erreurs ne dépassent pas 3 *millièmes* du poids pour les pièces de 5 fr., 5 *millièmes* pour les pièces de 2 et de 1 fr., 7 *millièmes* pour les pièces de 50 cent., et 10 *millièmes* pour les pièces de 25 centimes.

Monnaies de cuivre.

149. Les 3 pièces de monnaie de cuivre sont :

1° La pièce de 1 décime, qui pèse 20 gr. ;
2° La pièce de 5 centimes, qui pèse 10 gr. ;
3° La pièce de 1 centime, qui pèse 2 gr.

150. Pour les monnaies de cuivre, la tolérance n'a lieu qu'en *plus* ; elle est de *un cinquantième* du poids de la pièce.

151. De ce qui précède il suit que, à poids égal,

1° L'or monnayé vaut 15 *fois et demie* plus que l'argent, et 620 *fois* plus que le cuivre ;
2° L'argent monnayé vaut 40 *fois* plus que cuivre.

Du titre des pièces de monnaie.

152. Les pièces d'or et d'argent contiennent une partie de

4

cuivre et neuf parties d'or ou d'argent pur : c'est ce que l'on entend quand on dit qu'elles sont au TITRE *neuf dixièmes* (1).

153. Dans l'orfèvrerie, l'or et l'argent employés à la confection des bijoux varient de titre ; cependant la loi ne reconnaît que *deux* titres pour les ouvrages d'argent, avec tolérance de 5 *millièmes* d'erreur.

Le 1er titre est de 950 *millièmes*, et le 2e de 800 *millièmes*.

La loi reconnaît *trois* titres pour les ouvrages d'or, avec tolérance de 5 *millièmes* d'erreur.

Le 1er titre est de 920 *millièmes*, le 2e de 840 *millièmes*, et le 3e de 750 *millièmes*.

OBSERVATIONS GÉNÉRALES.

154. Toutes les mesures et tous les poids du commerce doivent porter la dénomination de la mesure ou du poids qu'ils représentent, ainsi que le nom ou la marque du fabricant.

Tout acheteur a le droit de s'assurer si les mesures ou les poids qui servent à évaluer les marchandises qu'il achète sont conformes à la loi.

Exercices sur les mesures monétaires.

Nombres à lire en indiquant la valeur des décimales.

901. Primo 35 fr. 5, secundo 158 fr. 25, tertio 9 fr. 5, quarto 1896 fr 175, quinto 19 fr. 035, sexto 11 fr. 005, septimo 109 fr. 705.

(1) En terme de monnaie, au lieu de 9 *dixièmes*, on dit 900 *millièmes*.

Nombres à additionner.

902. Primo 105 fr. 15 cent., secundo 30 fr. 8 cent., tertio 9 fr. 5 décimes, quarto 12 cent.

903. Primo 35 décimes, secundo 16 cent., tertio 11 millièmes, quarto 1000 fr. 15 millièmes.

Questions à résoudre.

904. Combien y a-t-il de francs, primo dans 10 déci., secundo dans 55 déci., tertio dans 525 déci., quarto dans 100 cent., quinto dans 725 cent., sexto dans 5875 cent., septimo dans 1000 milli., octavo dans 795675 milli.?

905. Combien y a-t-il de décimes dans chacun des nombres suivants :

Primo 1 fr., secundo 175 fr., tertio 10 cent., quarto 754 cent., quinto 100 milli., sexto 875 milli., septimo 195 cent.?

906. Combien y a-t-il de centimes dans chacun des nombres suivants :

Primo 1 fr., secundo 158 fr., tertio 1 déci., quarto 185 déci., quinto 10 milli., sexto 755 milli.?

Exercices sur le poids des monnaies.

907. Quelle est la valeur, primo de 1 kilog. d'argent monnayé, secundo de 725 kilog., tertio de 1 hectog., quarto de 55 hectog., quinto de 1 décag., sexto de 175 décag., septimo de 1 gr., octavo de 50 gr.?

908. Quelle est la valeur, primo d'un double kilog. d'argent monnayé, secundo d'un demi-kilog., tertio d'un double hectog., quarto d'un demi-hectog., quinto d'un double décag., sexto d'un demi-décag., septimo d'un demi-gr.?

909. Un sac rempli de pièces de 25 cent. pèse 150 kilog.; combien en contient-il de pièces?

910. Combien faut-il de pièces de 50 cent. pour peser 258 hectog.?

911. Combien faut-il de pièces, primo de 20 fr., secundo de 40 fr., pour peser 1 kilog. moins 2 millig.?

912. Quelle est la valeur du poids de chaque multiple du gr., primo en or monnayé, secundo en argent, tertio en monnaie de cuivre?

913. Quel est le poids net d'un sac contenant, primo 135 pièces de 1 cent., secundo 45 pièces de 5 cent., tertio 19 pièces de 1 décim., quarto 25 pièces de 1 fr., quinto 75 pièces de 2 fr., sexto 27 pièces de 5 fr., septimo 45 pièces de 20 fr, octavo 9 pièces de 40 fr.?

914. Un sac pesant net 7 kilog. 4126 contient cent pièces de 2 fr. et un certain nombre de pièces de 40 fr., quelle est la valeur de toute la monnaie renfermée dans ce sac?

915. Combien pèse 1 fr., primo en or, secundo en argent, tertio en cuivre?

916. Combien pèsent 200 fr., primo en or, secundo en argent, tertio en cuivre?

917. Combien pèsent 1855 fr., primo en or, secundo en argent, tertio en cuivre?

918. Quelle serait la charge d'un cheval qui porterait, primo 500 fr. en pièces d'un décime, secundo 100 fr. en pièces de 5 cent., tertio 25 fr. en pièces de 1 cent., quarto 725 fr. 75 en pièces de 25 centim.?

919. Quelle est la somme que renferme un sac qui pèse brut 5 kilog. 45, si les pièces de monnaie sont en cuivre et si le sac pèse 70 grammes?

920. On demande la somme que contient un sac de monnaie d'argent pesant 10 kilog. 915, sachant d'ailleurs que le sac pèse 1 décag. et demi.

921. Combien y a-t-il de pièces de 40 fr. dans un sac qui pèse brut 5 kilog. 574832, si le poids du sac est de 2 décag.?

922. Quel est le poids de 350 fr., primo en or, secundo en argent, tertio en cuivre?

923. Quelle somme en argent pèserait autant que 620 fr. en or?

924. Quelle somme en or pèserait autant que 430 fr. en argent?

925. Quelle somme en cuivre pèserait autant que 74400 fr. en or?

926. Quelle somme en cuivre pèserait autant que 8080 fr. en argent?

927. Quelle somme en or pèserait autant que 38 fr. en cuivre ?

928. Quelle somme en argent pèserait autant que 420 fr. en cuivre ?

929. Combien une somme en or pèse-t-elle de fois moins, primo qu'en argent, secundo qu'en cuivre ?

930. Combien une somme en argent pèse-t-elle de fois, primo plus qu'en or, secundo moins qu'en cuivre ?

931. Combien une somme en cuivre pèse-t-elle de fois plus, primo qu'en argent, secundo qu'en or ?

932. Supposé qu'une somme en or pèse un demi-hectog, quel sera le poids de cette même somme, primo en argent, secundo en cuivre, et quelle sera la valeur totale de ces trois sommes ?

933 Quelle est la valeur de chacune des 5 sommes suivantes, primo en or, secundo en argent, tertio en cuivre : la 1re pèse autant qu'un centim. cube d'eau distillée, etc., la 2e autant que 375 centim. cub., la 3e autant que 1 décim. cub., la 4e autant que 35 décim. cub. 25 centim., la 5e autant que 1 m. cub. 2345678 ?

934. Quelle est la trible valeur totale des 8 sommes suivantes : la 1re pèse autant qu'un kilol. d'eau distillée, etc., la 2e autant qu'un hectolitre, la 3e autant qu'un décal., la 4e autant qu'un lit., la 5e autant qu'un décil., la 6e autant qu'un centil., la 7e autant que 3 hectol. et demi, et la 8e autant que 4 décal. 5 décil. ; supposant d'ailleurs que chaque somme soit, primo en or, secundo en argent, tertio en cuivre ?

Exercices sur le titre des pièces de monnaie.

Monnaie d'or.

935. Combien y a-t-il de cuivre dans une somme en or pesant 73 kilog. ?

936. Combien y a-t-il de cuivre dans une somme de 6840 fr. en or ?

937. Combien y a-t-il de cuivre dans 475 pièces de 40 fr. et 380 pièces de 20 fr. ?

938. Combien y a-t-il de cuivre dans une somme en or pesant 38 kilog 7096 ?

939. Combien y a-t-il d'or pur dans une somme en or pesant 25 kilog ?

940. Combien y a-t-il d'or pur dans 470 pièces de 40 fr. et 560 pièces de 20 fr. ?

941. Combien faut-il mettre de cuivre avec 9 kilog. d'or pur pour faire de la monnaie d'or ?

942. Quelle quantité d'or faut-il allier avec 3 hectog. de cuivre pour faire de la monnaie d'or ?

Monnaie d'argent

943. Combien y a-t-il de cuivre dans une somme en argent pesant 9 kilog ?

944. Combien y a-t-il de cuivre dans 35 fr. en argent ?

945. Combien y a-t-il de cuivre dans les pièces de monnaie dont le détail suit : primo 420 pièces de 5 fr., secundo 410 pièces de 2 fr, tertio 720 pièces de 1 fr., quarto 210 de 50 c., quinto 430 pièces de 25 cent ?

946. Combien y a-t-il d'argent pur dans une somme en argent pesant 10 kilog. 5 ?

947. Combien y a-t-il d'argent pur dans les pièces de monnaie dont le détail suit : Primo 270 pièces de 5 fr, secundo 575 pièces de 2 fr., tertio 4750 pièces de 1 fr., quarto 350 pièces de 50 cent., quinto 830 pièces de 25 cent. ?

948. Quelle quantité d'argent pur faut-il allier avec 3 kilog. 25 de cuivre pour obtenir de la monnaie d'argent ?

949. Quelle quantité de cuivre faut-il allier avec 45 hectog. d'argent pur pour faire de la monnaie d'argent ?

Problèmes à résoudre en y appliquant d'abord les principes de la numération.

Mesures de longueur.

950. Si 1 m. coûte 8 fr., combien coûteront, primo 7 décim., secundo 8 centim., tertio 9 millim. ?

951. Si 1 décim. coûte 30 cent., combien coûteront, primo 18 m., secundo 4 centim., tertio 35 millim. ?

952. Si un centim. coûte 1 fr. 50, combien coûteront, primo 13 m., secundo 6 décim., tertio 75 millim. ?

Mesures de superficie.

953. Si 1 m. car. coûte 50 fr., combien coûteront, primo 5 décim. car., secundo 25 centim. car., tertio 45 millim. car. ?

954. Si 1 décim. carré coûte 3 fr. 25, combien coûteront, primo 25 m. car., secundo 15 centim. car., tertio 725 millim. car. ?

955. Si 1 centim. car. coûte 1 fr. 5, combien coûteront, primo 35 m. car., secundo 18 décim. car., tertio 55 millim. car. ?

956. Si 1 millim. car. coûte 5 cent., combien coûteront, primo 5 m. car., secundo 6 décim. car., tertio 7 centim. car. ?

Mesures agraires.

957. Si 1 are coûte 75 fr. 5, combien coûteront, primo 18 hecta., secundo 75 centia. ?

958. Si 1 hecta. coûte 7830 fr., comb'en coûteront, primo 45 ares, secundo 40 centia ?

959. Si 1 centia. coûte 1 fr. 35, combien coûteront, primo 156 hecta., secundo 95 ares.

Mesures de solidité.

960. Si 1 m. cub. coûte 135 fr., combien coûteront, primo 35 décim. cub., secundo 175 centim. cub., tertio 792 millim. cub. ?

961. Si 1 décim. cub. coûte 15 fr. 55, combien coûteront, primo 5 m. cub., secundo 18 centim. cub., tertio 835 millim. cub. ?

962. Si 1 centim. cub. coûte 2 cent., combien coûteront, primo 25 m. cub., secundo 45 décim. cub., tertio 975 millim. cub. ?

963. Si 1 millim. cub. coûte 0 fr. 002, combien coûteront,

primo 4 m. cub., secundo 17 décim. cub., tertio 5 centim. cub. ?

Mesures pour le bois de chauffage.

964. Si 1 st. coûte 15 fr. 05, combien coûteront, primo 7 décist., secundo 9 décast.

965. Si 1 décast. coûte 160 fr., combien coûteront, primo 5 st., secundo 6 décist. ?

966. Si 1 décist. coûte 1 fr. 75, combien coûteront, primo 5 st., secundo 8 décast. ?

Mesures de capacité.

967. Si 1 lit. coûte 25 cent., combien coûteront, primo 8 hectol., secundo 6 décal., tertio 7 décil., quarto 8 centil. ?

968. Si 1 hectol. coûte 35 fr. 25, combien coûteront, primo 4 décal., secundo 5 lit., tertio 6 décil., quarto 7 centil. ?

969. Si 1 décal. coûte 50 fr., combien coûteront, primo 57 hectol., secundo 5 lit., tertio 6 décil., quarto 8 centil. ?

970. Si 1 décil. coûte 15 cent., combien coûteront, primo 12 hectol., secundo 4 décal., tertio 6 lit., quarto 58 centil. ?

971. Si 1 centil. coûte 5 cent., combien coûteront, primo 2 hectol., secundo 5 décal., tertio 35 lit., quarto 7 décil. ?

Mesures de poids.

972. Si 1 kilog. coûte 35 fr. 5, combien coûteront, primo 4 hectog., secundo 6 décag., tertio 25 gr., quarto 47 décig., quinto 75 centigr. ?

973. Si 1 hectog. coûte 5 fr. 65, combien coûteront, primo 3 kilog., secundo 6 décag., tertio 18 g., quarto 25 décig., quinto 78 centig. ?

974. Si 1 décag. coûte 1 fr. 25, combien coûteront, primo 5 kilog., secundo 7 hectog., tertio 25 g, quarto 95 décig., quinto 7 centig. ?

975. Si 1 gr. coûte 5 cent., combien coûteront, primo 3 kilog., secundo 5 hectog., tertio 4 décag., quarto 6 décig., quinto 892 millig. ?

976. Si 1 décig. coûte 2 cent., combien coûteront, primo 4 kilog., secundo 17 hectog., tertio 3 décag., quarto 6 gr., quinto 75 millig.?

977 Si 1 centig. coûte 0 fr. 005, combien coûteront, primo 9 millig., secundo 11 décig., tertio 8 gr., quarto 2 décag., quinto 3 kilog. ?

978. Si 1 millig. coûte 1 fr. 25, combien coûteront, primo 5 centig., secundo 4 décig., tertio 5 gr., quarto 6 décag., quint 7 hectog. ?

Exercices sur les relations qui existent entre les mesures métriques.

979. Combien y a-t-il de m. car., primo dans 18 hecta. 7 a., secundo dans 7 hecta. 35 centia., tertio dans 14 hecta. 5 a. 6 centia., quarto dans 7 dixièmes d'are ?

980. Combien y a-t-il de mètres cub. dans 35 décast. 8 décist. ?

981. Combien y a-t-il de décim. cub., primo dans 34 décist., secundo dans 5 décast. 3 décist., tertio dans un demi-décast. ?

982. Combien y a-t-il de kilol., primo dans 25 m. cub., secundo dans 12 m. cub. 3156 ?

983. Quel est le poids, primo de 35 décim. cub. d'eau, secundo de 3 m. cub. 47, tertio de 5 m. cub. 2345 ?

984. Quel est le poids, primo de 25 lit. 5 d'eau, secundo de 15 décal. 6 décil., tertio de 35 lit. 7 centil. ?

985. Quel est le poids, primo de 1000 fr. en or, secundo de 500 fr. en argent, tertio 300 fr. en cuivre ?

986. Combien y a-t-il de lit., primo dans 35 kilog. d'eau, secundo dans un demi-hectog., tertio dans 7 décag. et demi, quarto dans 8 décag. 35 centig., quinto dans 17 hectog. 5 gr. et demi ?

987. Combien y a-t-il de décal., primo dans 7 m. cub. 35, secundo dans 12 m. cub. 7 centim., tertio dans 7 dixièmes de m. cub. ?

988. Quel est le poids de l'eau contenue dans un vase de 9 lit. 4 décil. ?

4*

989. Combien y a-t-il de décim. cub., primo dans 7 décast., secundo dans 55 décist., tertio, dans 15 st. 3 décist. ?

990. Combien y a-t-il de décam. car., primo dans 35 ares, secundo dans 6 hecta., tertio dans 5 hecta. 8 ares.?

991. Combien une mesure de 25 décil. contient-elle de centim. cub. ?

992. Combien y a-t-il de décim. cub. dans 54 décast. et demi ?

993. Combien y a-t-il de centim. cub., primo dans 5 kilog. d'eau, secundo dans 5 hectog. 35 décig., tertio dans 15 kilog 35?

994. Combien y a-t-il de décil., primo dans 25 hectog. d'eau, secundo dans 7 décag. et demi, tertio dans un demi-kilog. ?

995. La pesanteur d'une somme en argent égale celle de toute la série des poids autorisés, quelle est cette somme ?

996. Quel est le poids de l'eau contenue dans chacune des mesures effectives de capacité ?

997. Combien y a-t-il de centil., primo dans 45 gr. et demi d'eau, secundo dans 25 gr. 75 millig., tertio dans 18 décig. ?

998. Quelle est la valeur d'une somme en or pesant autant que toute la série des poids autorisés, et quelle est, primo la quantité de cuivre contenue dans cette somme, secundo la quantité d'or pur ?

999. Le poids brut d'un vase plein d'eau est de 47 kilog. 25 : quelle est sa contenance, si le vase pèse 6 kilog. 5 gr. ?

1000. Combien y a-t-il d'hectares, primo dans 7 hectom. car. 5 m., secundo dans 18 kilom. car. 7 décam., tertio dans 3 hectom. car. 35 m. ?

1001. Combien y a-t-il de centim. cub., primo dans 45 dixièmes de m. cube, secundo dans 75 centièm. de m. cubes ?

1002. Quel est le poids, primo le plus fort, secundo le plus faible que peut avoir chaque différente pièce de monnaie légale en circulation ?

1003. Quel est le poids, primo le plus faible, secundo le plus fort que peut avoir une somme en pièces de 2 fr. pesant autant que l'eau contenue dans toute la série des mesures effectives de capacité, et quel serait également le poids le plus fort et le plus faible de cette même somme, si elle était, primo en pièces de 20 fr., secundo en pièces de 5 fr., tertio en pièces de 50 c., quarto en pièces de 25 c., quinto en pièces de 5 c. ?

1004. Quelle est la quantité, 1° de fin, 2° de cuivre, contenue dans chaque différente pièce de monnaie d'or ou d'argent?

1005. Quelle est la contenance d'un vase rempli d'eau et pesant autant que 175 pièces de 40 fr., sachant que le poids du vase égale celui du cuivre contenu dans 785 pièces de 25 c.?

Problèmes de récapitulation sur le système métrique.

1006. On demande le prix d'un décim. lorsque 7 centim. et demi coûtent 22 centim. et demi ?

1007. On a payé 200 fr. pour 25 centiares : quel est le prix de l'are ?

1008. Combien coûte le décim. car , lorsque 30 m. car. coûtent 450 fr. 30 ?

1009. A combien revient un m. cub , quand 120 fr. 60 sont le prix de 15 décim. cub. ?

1010. Si 65 décastères de bois coûtent 10406 fr. 50, quel est le prix du décist. ?

1011. Quand 25 hectol. de vin coûtent 1012 fr. 50, quel est le prix de 58 lit. ?

1012. Si 9 décal. de blé coûtent 40 fr. 14, combien coûteront 5 hectol. ?

1013. On a vendu 49 kilog. de sucre pour 29 fr. 10, à combien revient le décag. ?

1014. Combien valent 7 kilog. 5 gr. de marchandise, lorsque 29 décag. sont estimés 13 fr. 05 ?

1015. Si 20 fr. 3 cent. sont le prix de 10 kilog. 5 gr. de marchandise, combien coûtera la pesanteur de toute la série des poids autorisés ?

1016. A combien revient le kilog. lorsque 15 hectog. 15 gr. coûtent 38 fr. 525 ?

1017. Lorsque 1050 fr. 15 cent. sont le prix de 35 m. cub. 5 décim , combien coûteront 752 centim. cub. ?

1018. Lorsque 450 fr. 90 sont le prix de 15 décag. 3 décig., combien coûteront 18 hectog. 5 gr. ?

1019. Combien doit-on payer pour 8 centim. car., lorsque 1006 fr. sont le prix de 5 m. car. 3 décim. ?

1020. Combien doit-on payer pour 5 décim. cub., lorsque 6000 fr. 1 cent. sont le prix de 3 m. cub. 5 centim.?

1021. Quel sera le prix total d'une liqueur contenue dans toute la série des mesures effectives de capacité, lorsque 18 décal. 5 décil. de cette même liqueur coûtent 54 fr. 15 ?

1022. En supposant que le cuivre se vende 3 fr. 25 le kilog , pour quelle valeur s'en trouve-t-il dans une somme d'argent pesant autant que l'eau contenue dans un vase de 7 lit. 5 centil?

1023. Lorsque 35 m. et demi de drap coûtent 1865 fr., quelle sera la valeur d'un coupon de ce même drap égalant 5 fois la longueur du plus grand sous-multiple du mètre ?

1024. Lorsque 35 kilog. 5 décag. 6 gr. de sucre coûtent 70 fr. 112., combien coûtera un morceau de ce même sucre pesant autant que l'argent pur contenu dans une somme de 1000 fr. 50 ?

1025. Quelle sera la valeur de 15 décim. cub., lorsque 18 centièmes de m. cub. coûtent 23 fr. 40 ?

1026. Quel sera le prix de 7 centièmes de m. car., lorsque 6 centim. car. coûtent 10 fr. 50 ?

1027. Combien peut-on faire de pièces de 5 fr. avec un lingot d'argent pur pesant autant que l'eau contenue dans un vase de 5 décal. et demi ?

1028. Combien y a-t-il d'argent pur, primo dans 75 pièces de 25 cent., secundo dans 35 pièces de 50 cent., tertio dans 5 pièces de 2 fr., quarto dans 20 pièces de 5 fr. ; et quel est le poids le plus fort que peut avoir chacune de ces quatre sommes ?

1029. Lorsque 18 lit. et demi de vin coûtent 38 fr. 85, quel sera le prix d'une certaine quantité de ce même vin égale au produit de 9 hectol. 5 lit. par 35 décil.?

1030. Lorsque 13 kilog. et demi de marchandise coûtent 411 fr. 75, quel sera le prix d'une certaine quantité de cette même marchandise dont le poids égale celui de l'or pur contenu dans 10000 pièces de 40 fr.?

1031. Si un certain vase avait 5 centim. cub. de plus, il contiendrait la quantité d'eau nécessaire pour égaler le poids du cuivre contenu dans 195 pièces de 50 centimes : quelle est la capacité de ce vase ?

TROISIÈME PARTIE.

MESURE DES SURFACES ET DES SOLIDES.

DÉFINITIONS DES SURFACES.

155. L'étendue en longueur et largeur se nomme *surface* ou *superficie*.

156. Toutes les surfaces à 4 côtés formées par des lignes droites et parallèles deux à deux, portent le nom général de *parallélogramme*.

157. Mesurer une surface, c'est chercher combien de fois elle contient une surface connue.

158. La mesure de toutes les surfaces se réduit à celles du *carré*, du *rectangle*, du *triangle*, du *trapèze*, du *losange*, du *cercle* et de la *sphère*.

159. Un *carré* est une surface renfermée par 4 lignes droites de même longueur, formant 4 angles droits, fig. 1.

160. Un *angle* est l'espace contenu entre deux lignes qui se rencontrent en un point; ce point se nomme le *sommet* de l'angle, fig. 2.

161. Un *rectangle* est une surface dont les 4 angles sont droits, fig. 3.

162. Un *triangle* est une surface renfermée par 3 lignes droites, fig. 4.

163. Un *trapèze* est une surface renfermée par 4 lignes droites dont 2 seulement sont parallèles, fig. 5.

164. On appelle lignes *parallèles* deux lignes qui sont partout également éloignées l'une de l'autre, ou bien deux lignes qui ne peuvent jamais se rencontrer à quelque distance qu'on les imagine prolongées, fig. 6.

165. Un *losange* est une surface renfermée par 4 lignes égales formant 4 angles, 2 aigus et 2 obtus, dont chacun est égal à celui qui lui est opposé, fig. 7.

166. Un *cercle* est la surface renfermée par une ligne courbe, appelée *circonférence*, dont tous les points sont également éloignés d'un point intérieur qu'on appelle *centre*, fig. 8.

167. La circonférence du cercle se divise en 360 parties égales qu'on nomme *degrés*.

168. Les principales lignes considérées dans le cercle sont le *rayon* et le *diamètre*.

169. Le *rayon* du cercle est la distance du centre à la circonférence, C D, fig. 8.

170. Le *diamètre* du cercle est la ligne qui, passant par le centre, se termine de part et d'autre à la circonférence, A B, fig. 8. Chaque diamètre égale donc deux rayons, et partage le cercle en deux parties égales.

DE LA MESURE DES SURFACES.

171. On obtient la surface ou superficie d'un carré en multipliant la longueur d'un côté par elle-même.

172. On obtient la surface d'un rectangle

en multipliant la longueur de l'un des deux grands côtés par celle de l'un des deux petits.

173. On obtient la surface d'un triangle en multipliant sa hauteur par sa base, et prenant la moitié du produit.

174. La hauteur d'un triangle est une ligne qu'on imagine partir de son sommet, c'est-à-dire de l'un de ses angles ; et tomber perpendiculairement sur le côté opposé, qui, pour lors, est considéré comme la base de ce triangle ; telle est A B, fig. 4.

175. Pour obtenir la surface du trapèze, il faut additionner la longueur des deux côtés parallèles A B, C D, fig. 5, en prendre la moitié, et la multiplier par la hauteur E F, c'est-à-dire par la longueur de la distance perpendiculaire de ses deux côtés.

176. Pour obtenir la surface du losange, il faut multiplier la base C D par la hauteur A B, fig. 7, c'est-à-dire, par la ligne qui, partant de l'un des côtés pris pour base, s'élève perpendiculairement vers le côté opposé.

177. Pour obtenir la surface d'un cercle, il faut multiplier la longueur de la circonférence par la moitié du rayon ou le quart du diamètre.

178. La géométrie démontre que la circonférence est 3,1416 lorsque le diamètre est 1, et que, par conséquent, le diamètre est 0,3183 lorsque la circonférence est 1 (1).

---

(1) Ces rapports, de même que tous ceux donnés par la géométrie, n'étant pas absolument exacts, les opérations qui en résultent laissent subsister quelques petites erreurs.

179. Ainsi, lorsqu'on ne connaît que le diamètre d'un cercle, on en trouve la circonférence en multipliant ce diamètre par 3, 1416.

180. Et réciproquement, lorsqu'on ne connaît que la circonférence d'un cercle, on en trouve le diamètre en multipliant cette circonférence par 0, 3183.

181. Pour obtenir la surface de la couronne A B C, fig. 9, il faut retrancher la surface du petit cercle de celle du grand, considéré comme contenant la superficie totale.

182. Pour obtenir la superficie de la sphère, il faut multiplier la longueur de sa circonférence par son diamètre.

183. Pour évaluer la surface des autres polygones réguliers ou irréguliers, tels que la fig. 10, il faut les diviser en triangles par des diagonales, les évaluer séparément, et ensuite additionner les produits.

184. Pour obtenir la surface du cône, fig. 13, il faut multiplier la longueur de la circonférence A B C par la moitié de la distance du sommet à cette circonférence.

185. Pour obtenir la surface du cylindre, appelé vulgairement rouleau, fig. 12, il faut multiplier sa circonférence par sa longueur.

Si les circonférences des extrémités n'étaient pas égales, on les additionnerait, et on multiplierait la moitié de la somme par la longueur du cylindre.

186. Les surfaces des cubes et des prismes, formant des carrés et des rectangles, et celles

des pyramides, formant des triangles, il est
aisé d'en avoir la superficie.

Exercices sur les surfaces.

1032. Quelle est la surface d'un terrain de forme carrée
ayant 15 mètres de côté ?

1033. Quelle est la superficie d'un jardin formant un rectangle de 35 mètres de long sur 20 de large ?

1034. Quelle est la surface d'un pré formant un triangle de
60 m. 2 de base sur une hauteur de 48 m. 5 ?

1035. Quelle est la surface d'une cour formant un trapèze
dont un côté a 34 m., l'autre 56, et dont la hauteur est de 25 m. ?

1036. Quelle est la surface d'un jardin en forme de losange,
ayant 44 mèt. 7 de base, sur 38 mèt. 4 de perpendiculaire ?

1037. Quel est le diamètre d'un cercle de 44 mèt. de circonférence ?

1038. Quelle est la circonférence d'un cercle de 3 m. 25 de
diamètre ?

1039. Quel est le rayon d'un cercle de 350 mèt. de circonférence ?

1040. Quelle est la circonférence d'un cercle de 15 mèt. de
rayon ?

1041 Quelle est la circonférence d'un cercle de 20 mèt. de
diamètre ?

1042. Quelle est la surface d'un cercle de 24 mèt. de diamètre ?

1043. Quelle est la surface d'un cercle de 12 mèt. de rayon ?

1044. Quelle est la surface d'un parterre de forme circulaire, ayant 30 mèt. de circonférence ?

1045. Quelle est la superficie d'une colonne de 20 m. 5 de
hauteur sur 6 m. 25 de circonférence ?

1046. Quelle est la superficie d'un cylindre de 14 m. 3 de
longueur sur 2 mèt. 50 de diamètre ?

1047. Quelle est la superficie d'un cône de 15 mèt. de circonférence par la base et dont la distance du sommet à la circonférence est de 7 m. 3 ?

1048. Quelle est la superficie d'une sphère de 35 m. 5 de circonférence ?

1049. Quelle est la superficie d'un terrain régulier ayant 350 mèt. de longueur sur 150 de largeur ?

1050. Un cône ayant 12 mèt. de circonférence par la base et dont la longueur du côté est de 6 mèt., doit être peint à 3 fr. 50 le m. car. : combien faudra-t-il payer ?

1051. Une salle de 8 mèt. de long sur 5 mèt. 25 de large et 4 m. de hauteur doit être mise en couleur : que faut-il payer au peintre, à raison de 1 f. 40 du mèt. car. pour les côtés, et de 2 fr. 25 pour le plafond ? On demande en outre combien il faut de carreaux de 18 centimèt. de côté pour paver cette salle.

1052. Combien faut-il de carreaux de 25 centimèt. de longueur sur 15 centimèt. de largeur pour paver une place de 12 m. de long sur 10 mèt. 50 de large ?

1053. Combien faudra-t-il de planches de 4 mèt. 20 de longueur sur 3 décimèt. de largeur pour planchéier une salle de 15 mèt. 20 de long sur 5 mèt. de large ?

1054. On a payé 402 fr. pour la peinture d'une surface triangulaire ayant 15 mèt. de base sur 10 mèt de hauteur : à combien revient le mètre ?

1055. On a fait peindre une porte de 2 mèt. de haut sur 1 mèt. 50 de large, à 3 fr. le mèt. pour le dehors, et à 1 fr. 75 pour le dedans : combien faut-il payer ?

1056. Que faut-il payer pour faire peindre une pyramide quadrangulaire dont chaque triangle a 6 mèt. de base et 20 mèt 35 de hauteur, à 3 fr. 25 le mètre ?

1057. Combien faut-il de pannes de 245 millim. de longueur sur 2 décimèt. de largeur pour couvrir un toit de 15 mèt. 5 de long sur 5 mèt. de large ?

1058. Combien faut-il d'ardoises de 25 centimèt de longueur sur 2 décimèt. de largeur pour couvrir un toit de 40 mèt. de longueur sur 30 de hauteur, sachant qu'un quart de chaque ardoise est perdu par le recouvrement ?

1059. Un puits ayant 15 mèt. de profondeur et 4 mèt. de circonférence, a été cimenté pour 180 fr. : à combien revient le mèt. carré ?

1060. Les 4 côtés d'une citerne ont été cimentés pour 192 fr. : quelle est sa hauteur, sachant que les 4 côtés, parfaitement égaux, ont 3 mèt. de large et qu'on a payé 2 fr. du mèt. carré ?

1061. Les 4 côtes d'une salle de 36 mèt. de côté doivent être peints à 1 fr. 25 le mètre carré : combien paiera-t-on, sachant que cette salle à 3 mèt. de hauteur ?

1062. Quelle est la base d'un triangle de 60 mèt. de hauteur, et dont la surface est égale à celle d'un carré ayant 36 mèt. de côté ?

1063. Quelle est la hauteur d'un triangle de 80 mèt. de base et dont la superficie est triple de celle d'un carré de 40 mèt. de côté ?

1064. Quelle est la surface d'un terrain semblable à la fig. 10, dont un triangle aurait 15 mèt. 25 de base sur 8 mèt. 40 de hauteur; l'autre 12 mèt. 2 de base et 18 mèt. 35 de hauteur; et le troisième 16 mèt. 10 de base et 14 mèt. 46 de hauteur ?

1065. Combien faut-il de planches de 4 mèt. 5 de long et 2 décim. de large pour boiser une chambre de 10 mèt. de longueur et 8 de largeur, supposant que la boiserie doive s'élever à 2 mèt. ?

1066. Un particulier a une propriété de forme circulaire, ayant 40 mèt. de rayon, au milieu de laquelle est un étang carré de 18 mèt. de côté : on demande la superficie du terrain à cultiver

1067. Dites ce que coûte la couverture double d'un bâtiment, longue de 60 mèt., et large de 16 mèt. 8, à 10 fr. 5 cent. le mèt. carré.

1068. On demande ce qu'il faut payer à un peintre pour avoir mis en couleur le plafond demi-circulaire d'une église longue de 14 mèt. et large de 6 mèt. 25, à 2 fr. 50 le mèt. carré.

1069. Un peintre a mis en couleur les 4 murs d'une salle qui a 14 mèt. de long sur 12 mèt. 5 de large et 4 mèt. de haut; dans cette salle, il y a 6 croisées, chacune de 2 mèt. de haut sur 1 mèt. 10 de large : dites ce qu'il a peint de mèt. car., la superficie des croisées étant ôtée.

1070. Combien y a-t-il de mèt. car. dans la superficie des

deux faces d'un mur long de 26 mèt. et haut de 6 mèt. 2, sans y comprendre 2 croisées qui ont chacune 2 mèt. de haut sur 1 mèt. 6 de large ?

1071. Combien contient d'hectares une pièce de terre qui a 652 mèt. 2 de long sur 80 mèt. 20 de large à une extrémité, et 326 à l'autre ?

1072. Combien faut-il payer pour un terrain formant un trapèze de 30 mèt. de hauteur, les côtés étant, l'un de 46 mèt. et l'autre de 50, si on achète ce terrain à 250 fr. l'are ?

1073. Un peintre a mis en couleur un cône, un cylindre et une pyramide; le cône a 8 mèt. de circonférence et la hauteur du côté est de 10 mèt.; chaque cercle du cylindre a 9 mèt. de circonférence, la hauteur est de 12 mèt.; la pyramide a pour base un polygone régulier de 5 côtés, et chaque triangle que forme la pyramide a 13 mèt. de haut et 6 de base; combien faut-il payer, sachant que tout a été peint à 3 fr. 75 le mèt. car., excepté la base du cône, celle de la pyramide et un cercle du cylindre, qui sont invisibles ?

DÉFINITIONS DES SOLIDES.

187. L'étendue en longueur, largeur et épaisseur, se nomme *volume, corps* ou *solide*.

188. Pour évaluer la solidité des corps, on cherche le nombre de mètres cubes qu'ils contiennent.

189. Les solides qu'on a le plus souvent à mesurer sont le *cube*, le *cylindre*, le *cône*, la *pyramide*, la *sphère* et le *prisme*.

190. Le *cube* est un solide dont les six faces sont des carrés égaux, fig. 11.

191. Le *cylindre*, vulgairement appelé *rouleau*, est un solide dont les bases sont deux cercles égaux et parallèles, fig. 12.

192. Un *cône*, dont la forme est celle d'un

pain de sucre, est un solide qui a un cercle pour base, et dont les lignes élevées au dessus aboutissent toutes à un point qu'on nomme *sommet*, fig. 13.

193. Une *pyramide* est un solide qui a pour base un polygone quelconque, et pour côtés des triangles dont les sommets se réunissent tous en un point commun nommé le *sommet* de la pyramide, fig. 14.

194. La *sphère* est un solide renfermé par une surface dont tous les points sont également éloignés d'un point intérieur nommé *centre*, fig. 15.

195. Un *prisme* est un solide dont deux faces opposées, appelées *bases*, sont parallèles, et les autres sont des parallélogrammes, fig. 16.

DE LA MESURE DES SOLIDES.

196. Pour obtenir la solidité du cube, fig. 11, il faut multiplier la surface de sa base par sa hauteur.

197. Pour obtenir la solidité du cylindre, fig. 12, il faut multiplier la surface de la base par la hauteur de ce cylindre.

198. Pour obtenir la solidité d'une pyramide, fig. 14, il faut multiplier la surface de la base par le tiers de la hauteur de la pyramide.

199. Pour obtenir la solidité du cône, fig. 13, il faut multiplier la surface de sa base par le tiers de la perpendiculaire abaissée du sommet sur le centre du cercle qui lui sert de base.

200. Pour obtenir la solidité de la sphère, fig. 15, il faut multiplier sa surface par le tiers du rayon.

201. Pour obtenir la solidité du prisme, fig. 16, il faut multiplier la surface de sa base par sa hauteur.

202. Pour obtenir la solidité des corps irréguliers, on les décompose par tranches représentant des prismes ou autres corps réguliers faciles à évaluer.

Exercices sur la solidité des corps.

1074. Quelle est la solidité d'un cube ayant 5 m. 25 de côté?

1075. Quelle est la solidité d'un cylindre ayant 5 m. de hauteur et dont chaque cercle est de 25 m car ?

1076 Quelle est la solidité d'un cylindre ayant 2 m. 5 de rayon et 15 m 25 de hauteur?

1077. Quelle est la solidité d'un cône ayant 15 m. de hauteur, et dont le cercle qui sert de base a 25 m. de superficie?

1078. Quelle est la solidité d'un cône ayant 75 m. 05 de hauteur, et dont la base a 50 m. de circonférence?

1079. Quelle est la solidité d'une pyramide ayant 15 m. de hauteur et 50 m. car. 25 de base?

1080. Quelle est la solidité d'une pyramide de 15 m. de hauteur, et dont la base est un triangle ayant 6 m. de base sur 4 de hauteur?

1081. Quelle est la solidité d'une sphère ayant 2 m. de diamètre?

1082. Quelle est la solidité d'une sphère ayant 50 m. de circonférence?

1083. Quelle est la solidité d'un bloc de marbre ayant 8 m. de longueur, 7 de hauteur et 6 de largeur?

1084 Quel est le cube d'une pièce de bois de 20 m. de longueur sur 45 centim de largeur, et 4 décim. d'épaisseur ?

1085. Quelle est la solidité d'un objet ayant 35 m. 05 de long sur 50 centim. de large, et 95 millim. d'épaisseur?

1086. Quel est le cube d'une planche de 6 m. de longueur sur 16 centim. de largeur, et 15 millim. d'épaisseur?

1087. Une cuve dont un diamètre est de 6 m. 60, l'autre de 5 m. 35, et la hauteur de 2 mèt., est pleine d'eau, combien en contient-elle de quintaux métriques?

1088. Un vase triangulaire dont chaque surface est de 3 m. car. et la hauteur de 4 m. 05, est plein d'eau; quel en est le poids?

1089. Une pile de bois a 16 m. 06 de largeur, 14 m. 8 centim. de hauteur et 17 m 5 de longueur, combien contient-elle de stères?

1090. Combien faudra-t-il de briques de 35 centim. de longueur, 11 centim. de largeur et 5 centim. d'épaisseur, pour construire un mur de 15 m. de long, 9 de haut et 4 décim. d'épaisseur, sachant que les joints sont compris dans les dimensions des briques?

1091. On demande quelle quantité de matériaux il entre dans la maçonnerie d'un puits de 36 m. de profondeur et 1 m. 35 de diamètre, si le mur a 5 décim. d'épaisseur; combien ce puits contiendra-t-il d'eau, si elle monte à 6 m. de hauteur?

1092. L'eau contenue dans un puits de 3 m. 5 de diamètre, et à la hauteur de 6 m., doit être mise dans un bassin de 4 m. de long sur 3 de large, à quelle hauteur s'élèvera-t-elle?

1093. Deux vases, l'un cylindrique, ayant 10 m. de surface et 6 de hauteur, l'autre de forme cubique, ayant 4 mèt. de côté, sont pleins d'eau, quel est celui qui en contient le plus?

1094. Quelle quantité d'eau contient un fossé long de 40 m., et dont le haut a 2 m. 20 de largeur, et le bas 1 m. 9, la profondeur étant de 2 mètres?

1095. Combien faut-il de briques de 1 décim. d'épaisseur sur 15 centim. de largeur et 2 décim. de longueur, pour faire un mur de 20 m. de longueur, 15 m. de hauteur et 5 décim. d'épaisseur, s'il y entre un cinquième de mortier?

1096. Un puits de 3 m. de circonférence contient 40 hectol. d'eau : à quelle hauteur est-elle?

1097. Deux hommes ont à cultiver un champ formant un trapèze de 50 m de hauteur; les côtés parallèles ont, l'un 45 m., l'autre 51; ils en doivent faire chacun la moitié; le premier fait 8 centiares par jour, le second 6 ; combien celui-ci doit-il commencer de jours avant l'autre pour finir en même temps ?

Problèmes de récapitulation générale.

1098. Trois personnes se sont partagé une certaine somme, la 1re a eu 4586 fr., la 2e autant que la 1re, et 325 fr. 75 de plus, la 3e 25 fr. 55 de moins que les deux 1res, on demande le total de la somme partagée.

1099. Quatre personnes veulent se partager une somme qu'on ne connaît pas, on sait seulement que la 1re doit avoir 1500 fr., la 2e autant que les deux suivantes, la 3e autant que la 1re et la 4e, et la 4e 795 fr. 50 de moins que la 1re, quelle est la part de chaque personne et le total de la somme ?

1100. La douzaine de pommes coûtant 15 cent., combien coûteront 624 pommes ?

1101. Quel est le prix de 42 canifs à 15 fr. la douzaine ?

1102. Lorsque 15 personnes dépensent 75 fr. 30 c., combien 20 personnes dépenseraient-elles ?

1103. 8000 fr. ont été placés pendant 8 ans à 5 pour cent par an, quelle rente doit-on en retirer ?

1104. Quel capital faut-il pour se faire une rente annuelle de 650 fr., si on place ce capital à 5 pour cent ?

1105. On veut partager 924 fr. en parties proportionnelles à 4, 6, 8 et 10, à combien se montera chaque part ?

1106. Un vase rempli d'eau pèse 54 kilog., quelle est sa capacité en litres, sachant que le vase vide pèse 5 kilog. et demi ?

1107. Un fil de fer de 18 m. de longueur doit être employé à faire des pointes de 3 centim. 25 de longueur, combien ce fil fournira-t-il de douzaines de pointes ?

1108. Pour 3 fr. on a 200 plumes, combien en aura-t-on pour 16 fr. 50 ?

1109. S'il faut 60 m. de toile pour en payer 15 de drap, combien aura-t-on de mèt. de toile pour 75 m. de drap ?

1110. 4 associés ont gagné 24175 fr., le 1er doit avoir 4250 fr. de plus que le 2e, le 2e 1700 fr. de plus que le 3e, le 3e 1175 de plus que le 4e, quelle sera la part de chacun ?

1111. 4 particuliers ont 16999 fr. 50 à se partager : on demande quelle sera la part de chacun, sachant que le 1er doit avoir 1157 fr. de plus que le 2e, le 2e 1259 fr. de plus que le 3e, et le 4e 325 fr. de plus que le 3e.

1112. Un père avait 25 ans à la naissance de son fils aîné, et 37 ans lorsque le cadet naquit, quel sera l'âge de chacun des enfants lorsque le père aura 80 ans?

1113 Combien y a-t-il de vin de Bordeaux dans une pièce qui pèse brut 288 kil. 536, sachant que le fût pèse 50 kilog.; et que le poids d'un litre de vin de Bordeaux est de 3939 décig.?

1114. La pesanteur spécifique de l'eau de la mer étant 1 kilog 0263 lorsque celle de l'eau ordinaire est 1 kilog., quel est le poids de l'eau de mer contenue dans un tonneau de 3 hectol. 45?

115. Une personne a placé une certaine somme à 4 pour cent, qui lui a produit en 3 ans 8550 fr., quelle est cette somme?

1116 Avec 3840 kilog. de pain on nourrit 1920 hommes. combien 1500 hommes en consommeront-ils dans le même temps?

1117. Lorsque 1 fr. 92 sont le prix de 24 œufs, à combien revient le cent?

1118. Lorsque le cent de grenades coûte 12 fr., à combien revient la douzaine?

1119. Un homme gagne 126 fr en 9 jours, combien gagne rait-il en 45 jours?

1120. Quel est l'intérêt de 9575 fr. pour 5 ans à 4 pour cent par an?

1121 Pierre, Jacques et Jean ont ensemble 156 pièces d'or; Pierre en a 18 de plus que Jacques, et celui-ci en a 5 de plus que Jean, combien en ont-ils chacun?

1122. Deux marchands ont fait un fonds de 15326; le 1er a mis 6796 fr. 50, combien doit-il ajouter à sa mise pour qu'elle égale celle du second?

1123. Si j'avais vendu 54 fr. 85 de plus une marchandise qui me coûtait 350 fr., j'aurais gagné 30 fr. 25, combien l'ai-je vendue?

1124 Si l'on me donnait 450 fr., je pourrais payer 800

fr. que je dois, et avoir 25 fr. de reste, combien ai-je d'argent?

1125   J'ai acheté 3 caisses de marchandise : la 1re en contient 154 kilog. 35 centig., la 2e 5 myriag. 58 gr., et la 3e 3548 hectog. On ne m'en a livré que 28 myriag., combien dois-je en recevoir encore?

1126. Une maison qui a été revendue 71800 fr. aurait donné un bénéfice de 4200 fr si le propriétaire l'eût achetée 1500 fr. meilleur marché, on demande le prix d'achat de cette maison.

1127. Un particulier a acheté 7800 plumes, dont la moitié à 17 fr. 75 le mille, et le reste à 1 fr. 75 le cent; il se propose de les revendre à 2 cent. la plume, quel sera son bénéfice, supposé qu'il en ait donné 265 aux pauvres?

1128. Un commis-voyageur a parcouru 785 myriam. 5 de chemin en 4 mois et 12 jours, combien a-t-il déboursé pour ce voyage, sachant qu'il dépensait 6 fr. 50 par jour, et qu'il payait 1 fr. 75 par myriam. pour la voiture?

1129. Un jeune homme ayant reçu 20 fr. de ses parents, assista 14 pauvres en donnant 2 fr. 5 à chacun; après cette bonne œuvre, il lui resta 17 fr, combien avait-il d'abord?

1130. Lorsque le cent de fagots coûte 25 fr. 50, combien paiera-t-on pour 75 fagots?

1131. J'ai acheté 4050 bûches, à condition d'en avoir 6 pour cent en sus, combien en recevrai-je?

1132. Quelle est la hauteur d'une tour qui donne 110 m. d'ombre, lorsque en même temps 2 m. de hauteur en donnent 5?

1133. Un homme de force ordinaire pouvant porter 125 kilog, on demande quelle somme il pourrait porter; 1o en pièces de 40 fr.; 2o en pièces de 5 fr.; 3o en pièces de 5 cent.

1134. Un sac qui pèse 6 kilog 85 renferme 150 pièces de 5 fr, 230 pièces de 2 fr., et le reste en pièces de 25 cent, combien renferme-t-il de ces dernières?

1135. Combien taillera-t-on de pièces de 40 fr. dans un lingot d'or pur pesant 1 kilog. 9915?

1136. Lorsqu'on donne 3500 pommes pour 87 fr. 50, à combien est-ce le mille?

1137. Si l'on tire 20 hectol. d'eau en 12 minutes, combien faudra-t-il d'heures pour vider une citerne de 4 m. de longueur sur 3 de largeur et 20 m 50 de profondeur?

1138 Un père conduisant ses 3 fils au collège leur donna 300 fr. pour leurs menus plaisirs ; l'aîné a reçu 4 fr. de plus que le second , et celui-ci 20 fr. de plus que le plus jeune ; quelle fût la part de chacun ?

1139. Combien faudrait-il de kilog. de fer pour ferrer 540 chevaux pendant un an., si chaque fer de cheval pèse 29 décag. et ne dure qu'un mois ?

1140. Quel est le nombre qui , étant augmenté de 85 et divisé par 9 , donne 25 au quotient ?

1141. 12 personnes se sont partagé une somme qu'on ne connaît pas ; on sait seulement qu'après avoir donné chacune 3 fr. 25 aux pauvres et 5 fr. 30 à l'église elles ont eu 450 fr., quelle était cette somme ?

1142. Deux courriers partent, l'un de Paris ; l'autre de Rome ; le 1er fait 45 kilom. par jour, l'autre 40, quelle est la distance de ces deux villes, sachant que ces courriers se rencontreront au bout de 20 jours ?

1143. Quel est le dividende d'une division dont le quotient est 1111, le diviseur 1117, et le reste 1110 ?

1144. Une plombée de 5 m. de long sur 35 centim. de large et 27 millim. d'épaisseur, doit être payée à raison de 4 fr. le m. car., combien coûtera-t-elle ?

1145. Un marchand de vin en a acheté 5 pièces pour 371 fr. 45, à raison de 36 fr. l'hectol.; la 1re contient 202 lit. 5, la 2e 204 lit., la 3e 20 décal. 727, la 4e 208 lit., combien la 5e en contient-elle ?

1146. Trois militaires ont 459 myriam. de chemin à faire pour se rendre à leur destination; le 1er fait 54 kilom. par jour, le 2e 30, et le 3e 27, à combien de jours de distance doivent-ils partir pour arriver ensemble ?

1147. Quelle est la hauteur d'un clocher; sachant que du pavé de l'église au sommet de la tour il y a 375 marches de 16 centim. chacune, et que le nombre des centim. de la flèche égale le produit de 175 par 44 ?

1148. Un marchand de vin en a acheté 4 pièces pour 630 fr., il en a vendu 55 lit. pour 36 fr. 30, on sait qu'il gagne 3 c. par litre, combien chaque pièce en contient-elle ?

1149. Quel capital doit-on placer à 5 pour 100 pour se faire une rente annuelle de 34000 fr. 20 ?

1150. Lorsque le litre d'eau-de-vie se vend 1 fr. 50, combien aura-t-on de lit. de vin à 35 cent. pour 450 lit. d'eau-de-vie ?

1151. 4 marchands d'œufs en ont acheté 30 douzaines ; le 1er en a acheté 3 douzaines de plus que le 2e, celui-ci 3 douzaines de plus que le 3e, et ce dernier, 3 douzaines de plus que le 4e, combien chacun doit-il payer, à raison de 3 cent. l'œuf ?

1152. 3 oncles s'étant réunis pour favoriser une nièce, le 1er lui donna une somme qu'on ne dit pas, le 2e trois fois autant, et le 3e autant que les 2 1ers, quel fut le don de chacun, sachant que la jeune personne reçut 14400 fr. ?

1153. La longueur moyenne des murs d'un fort est de 495 m., leur hauteur est de 8 m., et leur épaisseur de 2 m. 75, on demande en combien d'années il a été fait, sachant qu'on a payé 16 fr. le m. cub., et qu'on ne dépensait que 20086 fr. tous les ans.

1154. On veut employer 23935 fr. 72 à la construction d'un mur qui doit avoir 4 m. 5 de hauteur et 9 décim. d'épaisseur : quelle en sera la longueur, sachant que l'on donne 2 fr. 75 par m. cub. ?

1155. J'ai acheté 50 pièces de drap d'égale longueur, à raison de 12 fr. le m. ; en le revendant 14 fr., je gagne 2000 fr., quelle est la longueur de chaque pièce ?

1156. 5 pièces de toile de même longueur ont été vendues à 2 fr. 05 le m., quelle est la longueur de chacune, sachant que le m. coûtait 1 fr. 9, et que le bénéfice total est de 45 fr. 20 cent. ?

1157. En donnant 21 bottes de foin par semaine pour 9 chevaux, un pré dont chaque hectare en fournit 135, nourrirait 2400 chevaux pendant 36 jours, combien le pré contient-il d'hectares ?

1158. Pour paver une route l'espace de 17 kilom. 5 sur 4 m de largeur, on a payé 310304 fr. 40, à combien revient chaque pavé s'il a 16 centim. de côté ?

1159. Une place forte ayant 11300 m. de circuit doit être entourée d'un mur qui sera de 6 m. 25 de hauteur et 3 m. 75 d'épaisseur, combien mettra-t-on de temps à le finir, si l'on paie le m. cub. 35 fr., et qu'on emploie annuéllement 744562 fr. 50 à cet ouvrage ?

1160. Sachant que 378 fr. sont le prix d'achat de 36 m. de drap, combien faudra-t-il revendre le m. pour gagner 6 fr. sur 40 fr. ?

1161. Si 55 kilog. de savon coûtent 82 fr. 50, à combien faut-il vendre 130 kilog. pour gagner le prix d'achat de 12 kilog. ?

1162. Un particulier a vendu 348 m. 09 de toile pour du drap estimé 8 fr. 25 le m., combien en a-t-il reçu de m., et combien a-t-il vendu le m. de toile, sachant que le prix du m. de drap équivaut à celui de 2 m. 75 de toile ?

1163. Si 4 kilog. de farine font 6 kilog. de pain, quel sera le bénéfice d'un boulanger qui a acheté 56 sacs de farine pesant chacun 510 kilog., à raison de 45 fr. 75 le sac, sachant qu'il vend le pain de 2 kilog 67 cent. ?

1164. Un rentier interrrogé sur son revenu annuel, répondit : Après avoir prélevé 18 cent. par francs pour les pauvres, il me reste encore 15042 fr. 90, dites quelle en est la valeur.

1165. Deux pièces de toile sont de même qualité; l'une, plus longue que l'autre de 6 m., coûte 125 fr., et l'autre 110; on demande la longueur de chaque pièce.

1166. Deux marchands se sont associés ; le 1er a mis 2400 fr., et l'autre 1600; en supposant que le 1er ait 25 fr. de profit plus que l'autre, combien ont-ils gagné en tout ?

1167. Quelle est la hauteur d'un mur qui a 14 m. 50 de longueur sur 7 décim. d'épaisseur, et qui coûte 2030 fr., sachant que le m. cub. a été payé à raison de 50 fr ?

1168. Un ouvrier fait 12 m. d'ouvrage tandis que son compagnon en fait 7, combien le 1er aura-t-il fait de m. lorsque l'autre en aura fini 175 ?

1169. Combien faudra-t-il de temps pour recevoir 80 fr. de rente avec un capital de 400 fr., sachant qu'avec 600 fr. placés au même taux, on reçoit tous les 3 ans 90 fr. ?

1170. Pour transporter 150 myriag. de marchandises l'espace de 30 myriam., un marchand paie 24 fr., on demande combien, à proportion, il en ferait transporter de kilog. l'espace de 20 myriam.

4***

1171. En gagnant 3 pour 100 tous les 9 mois, quel capital faudra-t-il pour gagner 800 fr. tous les deux ans ?

1172. Un négociant donne 12 fr. aux pauvres toutes les fois qu'il gagne 141 fr., combien donnera-t-il lorsqu'il gagnera 58656 fr. ?

1173. Lorsqu'on paie 176 fr. 50 pour 8 doubles stères de bois, combien en aura-t-on de décastères pour 45100 fr. ?

1174. On demande le poids de l'argent pur contenu dans 4 kilog. 912 de bijoux en argent au 1er titre, et dans 22 kilog. 6 au 2e titre. Quel titre obtiendrait-on si l'on mêlait de l'argent en parties égales du 1er et du 2e titre ?

1175. Or demande combien il y a d'or pur dans 96 gr. de bijoux en or au 1er titre, dans 2 gr. au 2e titre, et dans 7 gr. 34 au 3e titre. Dans quelle proportion faudra-t-il allier de l'or au 1er titre et au 3e pour obtenir le 2e ?

1176. On veut connaître la mise particulière de deux jeunes gens qui ont gagné 1625 fr. avec un fonds de 5000 fr., sachant que le gain du 1er surpasse de 325 fr. celui du second.

1177. Un homme veut vendre une maison, un jardin et une terre, le tout 100000 fr. ; le jardin vaut 4 fois plus que la terre, et la maison 5 fois plus que le jardin, quel est le prix de chaque objet ?

1178. Trois personnes ont ensemble 150 ans ; la 1re a le double de l'âge de la 2e, et celle-ci le triple de l'âge de la 3e, quel est l'âge de chacune ?

1179. Trois personnes ont à se partager une somme de 25460 fr., de la manière suivante : la 1re aura une somme, la 2e, le triple de la 1re plus 4 fr., la 3e, 5 fois autant que la 2e moins 10 fr., on demande la part de chacune.

1180. 2081 fr. sont à partager entre 3 personnes de manière que la 2e prenne 5 fois autant que la 1re moins 7 fr., et la 3e, 3 fois autant que la 2e plus 5 fr., on demande la part de chacune.

1181. Deux associés ont fait un fonds de 15216, le second a mis 4205 fr. de moins que le 1er, combien chacun recevra-t-il pour son bénéfice, s'ils font un gain égal au tiers de la mise ?

1182. La somme de 6324 fr. doit être partagée entre 3

associés qui ont mis, le 1er 9830, le 2e 11250 fr.; on ne connaît pas la mise du 3e, mais on sait qu'il a reçu 2108 fr. de bénéfice; on veut connaître sa mise et le gain des deux autres.

1183. Louis a retiré pour gain d'une association la somme de 540 fr., André 810 fr., Paul a reçu 150 fr. de plus que le dernier; on demande le profit et la mise de chacun, sachant que Louis avait mis 2700 fr.

1184. Un boulanger a vendu de trois qualités de pain, et autant de l'une que de l'autre, pour 36 fr. combien en a-t-il vendu de kilog. de chaque sorte, le prix étant 15 cent., 20 cent., et 30 cent.?

1185. Avec du vin à 3 fr. et à 2 fr. le lit., on a rempli une pièce qui en contient 225 l., combien en a-t-on mis de chaque prix, sachant que la pièce vaut 540 fr.?

1186. On a payé 600 fr pour un terrain de 20 m. de côté, combien a proportion paierait-on pour un autre de même qualité qui contiendrait 5 hecta. 25 centiares?

1187. Quelle est la base d'un triangle de 12 m. de hauteur, et dont la superficie égale celle d'un cercle de 9 m. de diamètre?

1188. Quelle différence y a-t-il entre la superficie d'un cylindre de 4 m. de circonférence et 15 de hauteur, et celle d'un cône de 22 m. de circonférence et 15 de hauteur, la superficie des bases étant comprises dans ces calculs?

1189. Quelle est la profondeur d'un bassin de 30 m. de superficie, contenant 3900 hectol. d'eau?

1190. Combien y a-t-il de m. de terre dans un moule qui a servi à fondre un objet conique de 8 m. de hauteur, ce moule ayant 8 m. 7 de hauteur, 3 m. 60 de diamètre extérieur, et 5 cent. d'épaisseur?

1191. Quel est le cube d'une sphère de 1 m. 150 de diamètre?

1192. On a creusé 2 puits, l'un de 1 m. 15 de diamètre et 15 m. 25 de profondeur, l'autre de 5 m. 75 de circonférence et 18 m. de profondeur, on demande quelle quantité de déblais on a extrait du second plus que du premier.

1193. Pour faire creuser un puits de 2 m. de diamètre et de 20 m. de profondeur, on paie 4 fr. pour le 1er m., 5 pour le second, et ainsi de suite, combien paiera-t-on pour cet ouvrage?

1194. Lorsqu'on paie 100 fr. pour faire creuser un puits de 2 m. de diamètre et 30 m. de profondeur, combien paierait-on proportionnellement pour un autre de même profondeur, et ayant 2 m. et demi de diamètre?

1195. Quelle est la capacité d'une vase sphérique qui a 18 m. 15 de circonférence extérieure, et dont les parois ont 5 centim. d'épaisseur?

1196. Trois hommes s'étant associés ont gagné 2025 fr.; le premier a mis en société 1200 fr., le second 1500; la mise du 3e est égale à la moitié de la mise totale des deux autres: combien chacun aura-t-il sur le gain?

1197. 5 hommes s'étant associés, le 1er a mis 800 fr., le 2e 400 fr. de plus que le 1er, et ainsi des autres, toujours en augmentant de 400 fr.; le gain a été de 1800 fr.; quelle doit-être la part de chacun?

1198. Trois négociants ont à se partager le gain qu'ils ont fait dans le commerce, qui est de 6000 fr.; le 1er a mis 3000 fr. pour 12 mois, le 2e 750 fr. pour 10 mois, et le 3e 500 fr. pour 6 mois, combien revient-il à chacun à proportion de sa mise et du temps qu'elle est restée dans le commerce?

1199. Douze hommes ayant entrepris un ouvrage en ont fait la moitié en 14 jours, après quoi 4 d'entre eux sont tombés malades, combien faudra-t-il de temps aux 8 autres pour l'achever?

1200. 400 m. d'ouvrage ont été faits par 8 hommes en 10 jours, combien 20 hommes en 52 jours en feront-ils?

1201. On a fait transporter 200 kilog. de marchandises à 500 kilom., pour 450 fr., combien en fera-t-on transporter pour 2835 fr. à 900 kilom.?

1202. 15 hommes ayant fait un certain ouvrage en 18 jours, combien faudra-t-il de jours à 50 hommes pour faire le même ouvrage?

1203. Dans une place il y a 1500 hommes pourvus de vivres pour 6 mois, combien faudra-t-il faire sortir d'hommes, si l'on veut faire durer les vivres 2 mois de plus et donner la même ration?

1204. Quel sera l'intérêt d'une somme de 4500 fr. prêtée

au taux ruineux de 9 pour 100, pendant 2 ans 7 mois et 20 jours (1) ?

1205. Quel capital faut-il placer à 5 pour 100 pour se faire une rente annuelle de 650 fr. ?

1206. Une somme de 36682 fr. 50 a été placée au taux de 5 pour 100, combien faudra-t-il attendre de temps pour toucher 55023 fr 75 d'intérêt ?

1207. La guinée (monnaie d'or) d'*Angleterre* de 21 schellings, étant de 26 fr. 47, le souverain (or) de 20 schellings, de 25 fr. 21, le crouwn ou couronne (argent), de 5 fr. 80, le schelling (argent), de 1 fr. 16, on demande, primo combien 450 fr. font de guinées, de souverains, de couronnes et de schellings ; secundo combien 4 guinées, 8 souverains, 6 couronnes et 15 schellings font de francs en tout.

1208 Le ducat d'*Autriche* (or) étant de 11 fr. 86, l'écu (argent) ou rixdale de 5 fr. 20, et le creutzer de 0 fr. 0433, on demande, primo combien 1600 fr. font de ducats ; de rixdales et de creutzers, secundo combien 30 ducats 16 rixdales 70 creutzers font de francs en tout.

1209. Le florin de *Bade* (or) étant de 10 fr. 52, et celui d'argent de 2 fr 09, on demande combien 500 fr. font de florins d'or et de florins d'argent ; secundo combien 72 florins d'or et 80 florins d'argent font de francs en tout.

1210. Le ducat de *Prusse* (or) étant de 11 fr 77, le rixdale ou thaler (argent) de 3 fr. 71, et le silbergros de 0 fr. 12, on demande, primo combien 950 fr. font de ducats, de rixdales et de silbergros ; secundo combien 50 ducats 96 rixdales et 300 silbergros font de francs en tout.

1211. Le rouble impérial de *Russie* étant de 40 fr 60, le grif de 4 fr. 06, le copeck de 0 fr. 406, le moscosque de 0 fr. 203, on demande, primo combien 1900 fr. font de roubles, de grifs, de copecks et de moscosques ; secundo combien 24 roubles, 60 grifs, 40 copecks et 64 moscosques font de francs en tout.

---

(1) Dans les questions d'intérêts, l'année ne comprend que 360 jours, le mois en contient 30.

1212. Le ducat de *Naples* étant de 4 fr. 33, le carlin de 0 fr. 425, et le grain de 0 fr. 0425 ; on demande, primo combien 900 fr. font de ducats, de carlins et de grains; secundo combien 110 ducats, 90 carlins et 60 grains font de francs en tout.

1213. Le carlin de *Piémont* (or) étant de 150 fr., la pistole (or) de 20 fr., le sequin 11 fr. 95, l'écu vieux 7 fr. 07, et le neuf 5 fr , on demande, primo combien 1960 fr. font de carlins, de pistoles, de sequins, d'écus neufs et d'écus vieux; secundo combien 28 carlins, 60 pistoles, 50 sequins, 34 écus vieux et 50 neufs font de francs en tout.

1214. Le sequin *romain* (or) étant de 11 fr. 80, l'écu (argent) de 5 fr. 385, le paul de 0 fr. 5385, et le bayoque de 0 fr. 05385, on demande primo combien 1780 fr. font de sequins, d'écus, de pauls et de bayoques ; secundo combien 50 sequins 60 écus 50 pauls et 18 bayoques font de francs en tout.

1215. Le ducat (or) de *Hollande* étant de 11 fr. 93, le florin (argent) de 2 fr. 1362, on demande, primo combien 400 fr. font de ducats et de florins; secundo combien 300 ducats et 640 florins font de francs en tout.

1216. La pistole (or) d'*Espagne* étant de 81 fr. 51, l'écu de 10 fr. 19, la piastre (argent) de 5 fr. 43, la piécette de 1 fr. 08, et le réal de 0 fr. 54, on demande, primo combien 980 fr. font de pistoles, d'écus, de piastres, de piécettes et de réaux; secundo combien 200 pistoles, 60 écus, 50 piastres, 30 piécettes et 36 réaux font de francs.

1217. Le fondouk de *Turquie* étant de 3 fr. 51, et la piastre de 1 fr. 17, on demande, primo combien 175 fr. 50 font de fondouks et de piastres; secundo combien 50 fondouks et 60 piastres font de francs en tout.

1218. L'aigle des *Etats-Unis* d'Amérique étant de 27 fr. 61, le dollars de 5 fr. 42, réduire, primo 1556 fr. 60 en aigles, secundo 271 fr. en dollars, tertio 52 aigles et 60 dollars en francs.

1219. Les 360 degrés de longitude passant devant le soleil en 24 heures, on demande combien il passe de degrés par heure et par minute;

1220. D'après l'opération ci-dessus, on demande quelle est la longitude d'une ville qui a midi 2 heures et demie avant Paris.

1221. Sachant que la longitude de Paris est 0, et celle de Venise de 10 degrés *Est*, on demande quelle heure il est à Venise lorsqu'il est midi à Paris.

1222. En supposant le diamètre de la terre égal à 1, celui de la lune sera 0,27 et celui du soleil 109,93; d'après cela, en supposant le volume de la terre égal à 1, on demande le volume relatif de la lune et celui du soleil; et, sachant que le diamètre moyen de la terre est environ de 1273 myriam. 2394, on demande son volume réel, celui de la lune et celui du soleil.

1223. D'après l'opération ci-dessus, on demande quelle est la circonférence de la lune et celle du soleil.

1224. Combien faut-il de planètes comme la lune pour égaler le volume du soleil ?

1225. Combien une somme de 10000 fr. vaut-elle de pièces des diverses monnaies dont il est question dans les problèmes n° 1207 à 1218?

FIN.

Arras, typ. E. LEFRANC & Comp

TABLE DES MATIÈRES.

	Pages.
Explication des signes abréviatifs	3
Liste des abréviations	4
Chiffres romains exprimés en chiffres ordinaires	5

Première Partie.

Définitions préliminaires	6

NUMÉRATION.

	7
Numération parlée	7
Formation des nombres décimaux	9
Exercices sur la numération parlée	10
Numération écrite	11
Conséquences tirées de la numération	14
Exercices sur la numération	16
Problèmes sur la numération	21
Table d'addition	24

ADDITION.

Addition des nombres entiers et décimaux	25
Preuve	25
Exercices	27
Problèmes sur l'addition	28

SOUSTRACTION.

Soustraction des nombres entiers et décimaux	32
Exercices sur la soustraction	34
Problèmes sur la soustraction	35
Problèmes sur l'addition et la soustraction combinées	37

MULTIPLICATION.

Multiplication des nombres entiers	40
Multiplication des nombres décimaux	43
Table de multiplication	45
Exercices sur la multiplication	46
Problèmes sur la multiplication	47

Problèmes sur l'addition, la soustraction et la multiplication combinées. 5

DIVISION

Division des nombres entiers 57
Division des nombres décimaux. 60
Exercices sur la division. 62
Problèmes sur la division. 63
Récapitulation. — Problèmes sur les quatre opérations fondamentales de l'arithmétique. 64

Deuxième Partie

SYSTÈME MÉTRIQUE

Exercices sur les multiples et les sous-multiples. . 74
Problèmes sur les multiples et les sous-multiples. . 77

Mesures métriques.

Mesures linéaires. — Mètre 78
Mesures de surface. — Mètre carré. 86
Mesures agraires. — Are. 88
Mesures de volume. — Mètre cube. 91
Mesures pour le bois de chauffage. — Stère. . . . 94
Mesures de capacité. — Litre 96
Mesures de poids. — Gramme 105
Mesures monétaires. — Franc 108
Problèmes sur les mesures. 114

Troisième Partie

MESURE DES SURFACES ET DES SOLIDES

Définition des surfaces. 121
De la mesure des surfaces 122
Exercices sur les surfaces. 125
Définition des solides. 128
De la mesure des solides. 129
Exercices sur la solidité des corps. 130
Problèmes de récapitulation générale. 132

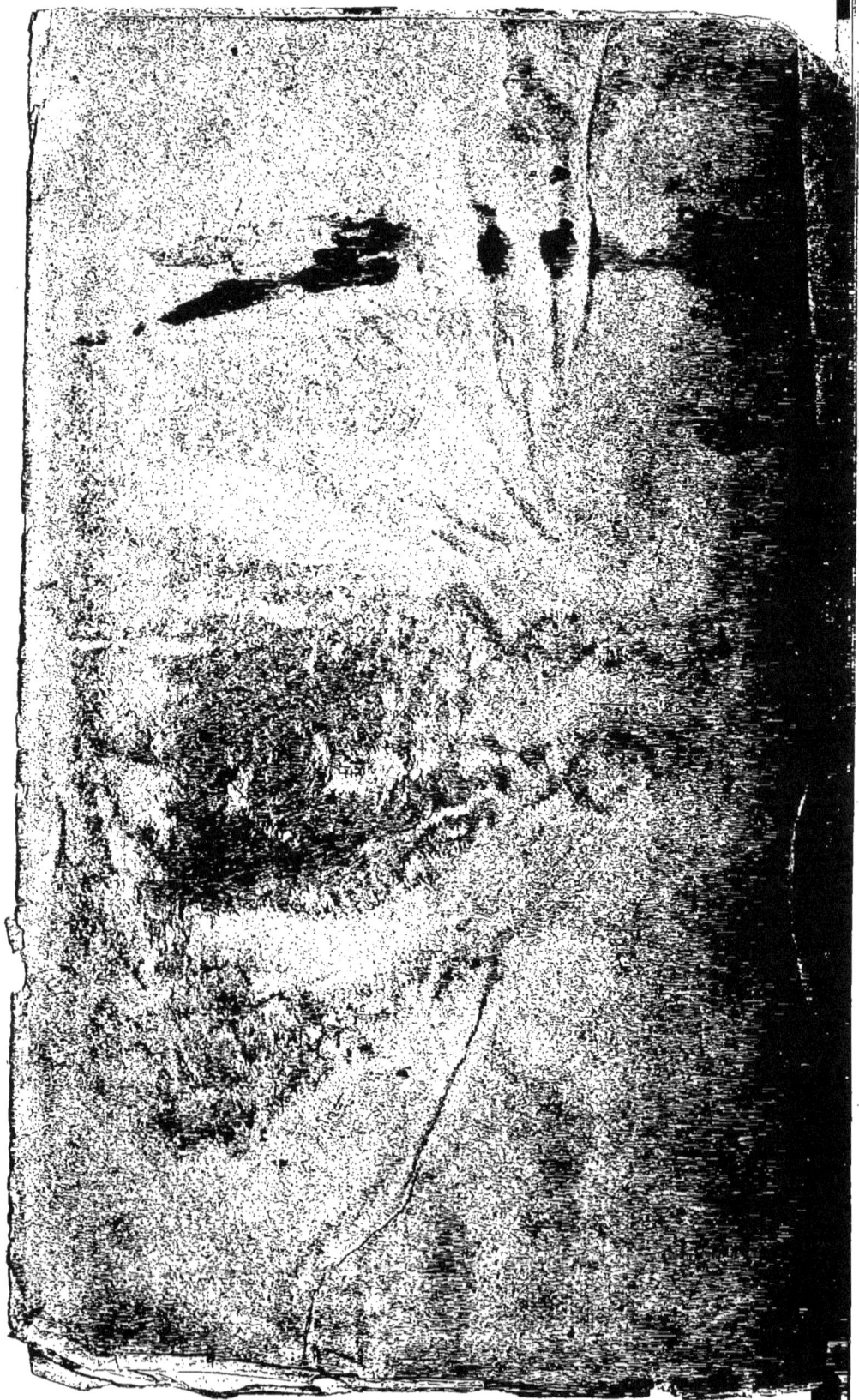

www.ingramcontent.com/pod-product-compliance
Lightning Source LLC
Chambersburg PA
CBHW072058090426
42739CB00012B/2810